2 Lineare Funktione

1. Svenja hat mit drei Gefäßen Füllversuche durchgeführt. Pro Sekunde lief immer gleich viel Wasser in ein Gefäß.

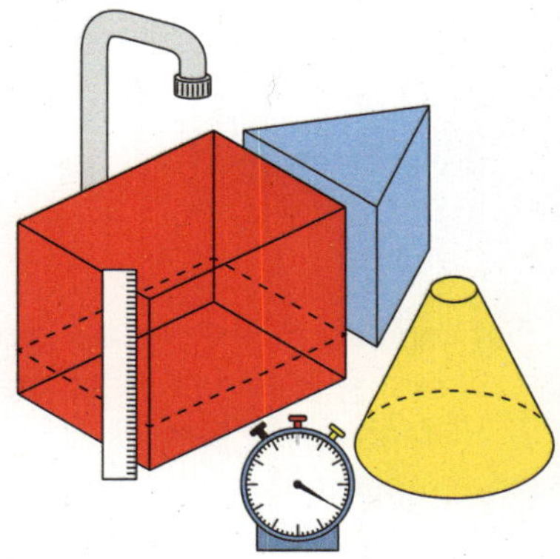

a) Ergänze die Tabelle für das rote, quaderförmige Aquarium.

Aquarium	
Zeit (s)	Höhe (mm)
10	15
20	30
30	
40	

b) Berechne, um wie viel Millimeter das Wasser im Aquarium jede Sekunde

steigt: ________ mm pro Sekunde.

c) Zeichne in das Koordinatensystem, wie hoch das Wasser im quaderförmigen Aquarium nach 10 s, 20 s, 30 s und 40 s steht.

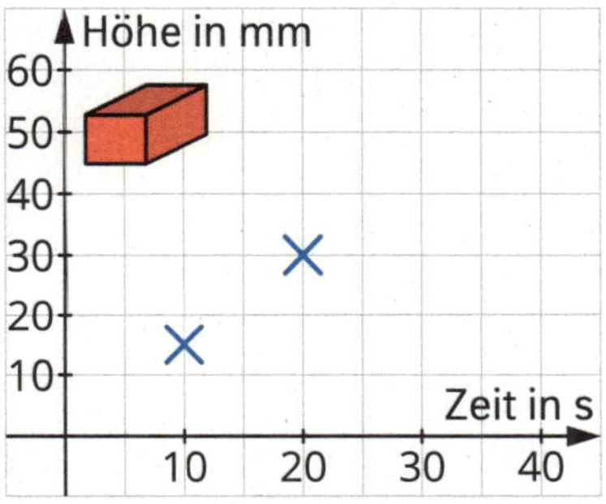

d) In der Prisma-Vase steigt bei einer Füllung das Wasser alle 10 Sekunden um 5 mm. Zeichne in das Koordinatensystem die Füllhöhe nach 10 s, 20 s, 30 s und 40 s ein.

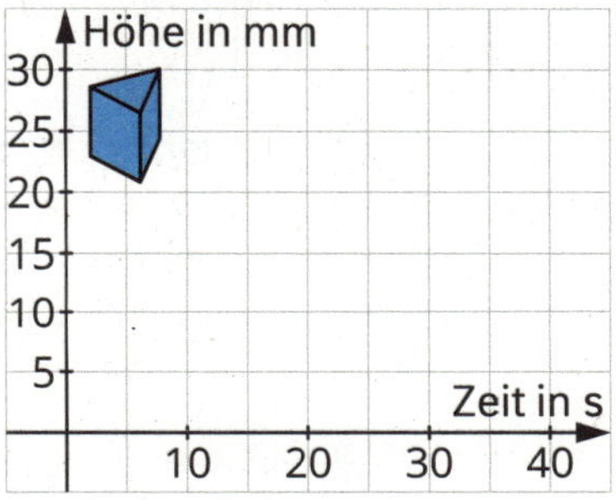

e) Das Koordinatensystem zeigt vier „Füllgraphen". Welche Kurve passt am besten zu einem Füllversuch mit der Kegel-Vase, wenn diese anfangs leer ist? Begründe deine Entscheidung mit Hilfe der Begriffe auf den Karten.

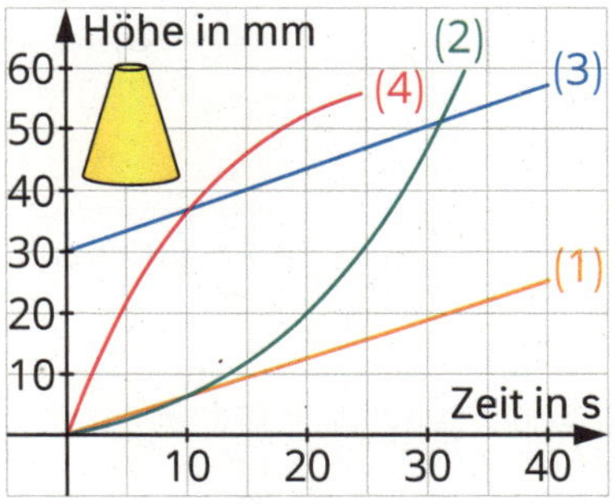

schmaler

schneller

breit

langsam

Graph Nr. ☐

Begründung:

Die Kegel-Vase ist unten ____________ *und wird nach oben hin immer* ____________.

Deshalb steigt das Wasser erst ____________ *und dann immer* ____________.

2. Das abgebildete Gefäß wird gleichmäßig mit Wasser gefüllt. Skizziere den ungefähren Füllgraphen des Gefäßes.

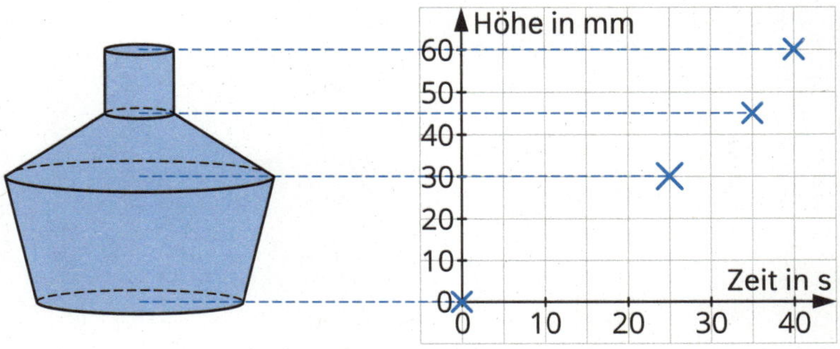

Grafische Darstellung von Funktionen

1. Selma und Amir wandern am Brocken im Harz. Da Selma eine Frühaufsteherin ist, wandert sie zuerst los.

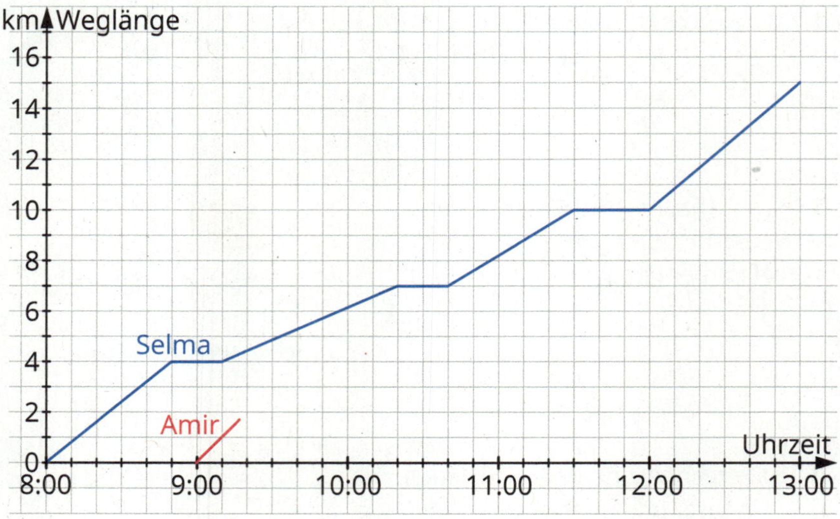

a) Vervollständige den Lückentext mit Hilfe des abgebildeten Graphen, der Selmas Wanderung beschreibt.

Selma startete um ________ Uhr. Insgesamt wanderte Selma ________ Stunden lang. Dabei legte sie eine Wegstrecke von ________ km zurück. Während ihrer Wanderung machte Selma ________ Pausen, die zusammengerechnet ________ Minuten dauerten.

b) Vervollständige den Graphen von Amirs Wanderung passend zur rechts abgebildeten Weg-Zeit-Tabelle.

c) 7 km entfernt vom Start der Wanderung liegt der Brockengipfel, der höchste Punkt in Sachsen-Anhalt. Dort haben Selma und Amir bei ihrer Ankunft jeder ein Selfie geschossen. Trage unter den Bildern ein, wann die beiden Fotos entstanden sind.

d) Beurteile mit Hilfe der beiden Graphen, ob die folgenden Aussagen richtig oder falsch sind. Begründe deine Entscheidungen.

① Vor ihrer ersten Pause ist Selma langsamer gelaufen als danach.

② Amir trifft Selma ungefähr 4 Stunden nach dem Start seiner Wanderung.

③ Durchschnittlich ist Selma mit einer Geschwindigkeit von 3 km pro Stunde gewandert.

Amirs Wanderung	Uhrzeit	Weglänge
Start der Wanderung	9:00 Uhr	0 km
Frühstückspause	9:30 Uhr	3 km
Aufbruch	9:50 Uhr	3 km
Fotopause	10:50 Uhr	7 km
Beginn des Abstiegs	11:00 Uhr	7 km
Pause	11:50 Uhr	11 km
Aufbruch	12:00 Uhr	11 km
Ende der Wanderung	13:00 Uhr	15 km

c)

________ Uhr

________ Uhr

① ist wahr/ falsch, weil ________________________________

____

② ist wahr/ falsch, weil ________________________________

____

③ ist wahr/ falsch, weil ________________________________

____

Funktionen

1. a) Lies die fehlenden Werte am Graphen ab.

x	–3,5	–2,5		0	
y	3	2,5	4		–1

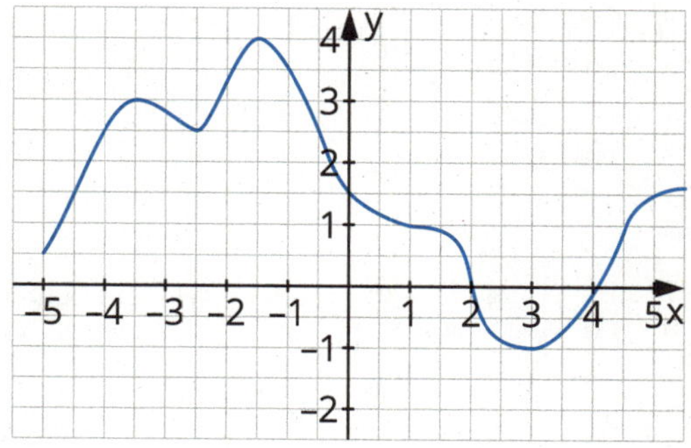

b) Handelt es sich beim abgebildeten Graphen um eine Funktion? Kreuze die richtige Begründung an.

☐ *Es handelt sich um eine Funktion, weil jedem x-Wert genau ein y-Wert zugeordnet ist.*

☐ *Es handelt sich __nicht__ um eine Funktion, weil es x-Werte gibt, denen mehr als ein y-Wert zugeordnet ist.*

2. Verbinde die beiden Enden des Graphen so, dass …

a) … eine Funktion entsteht.

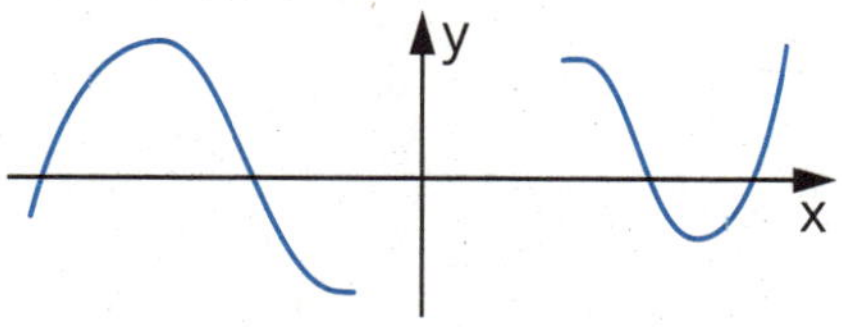

b) … keine Funktion entsteht.

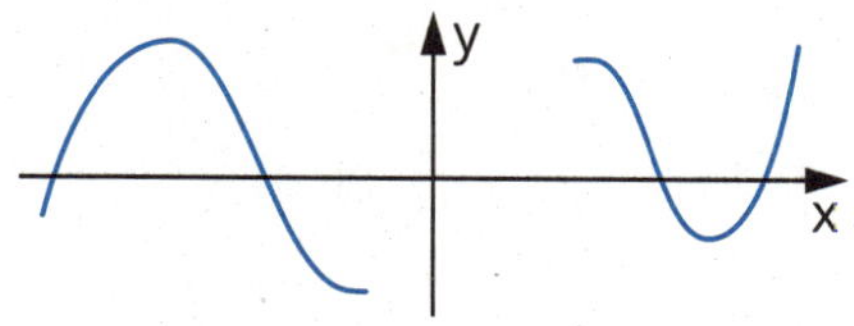

3. Zu jeder Funktionsgleichung gehört eine Wertetabelle, eine Beschreibung mit Worten und ein Funktionsgraph. Ordne sie einander zu und verbinde sie miteinander.

a) $y = x + 2$ b) $y = 2x$ c) $y = x^2$ d) $y = 2x + 2$

x	–2	0	2
y	4	0	4

x	–2	0	2
y	0	2	4

x	–2	0	2
y	–2	2	6

x	–2	0	2
y	–4	0	4

Jeder Zahl x wird die Summe aus sich selbst und 2 zugeordnet.

Jeder Zahl x wird ihre Quadratzahl zugeordnet.

Jeder Zahl x wird ihr Doppeltes zugeordnet.

Jeder Zahl x wird ihr Doppeltes vermehrt um 2 zugeordnet.

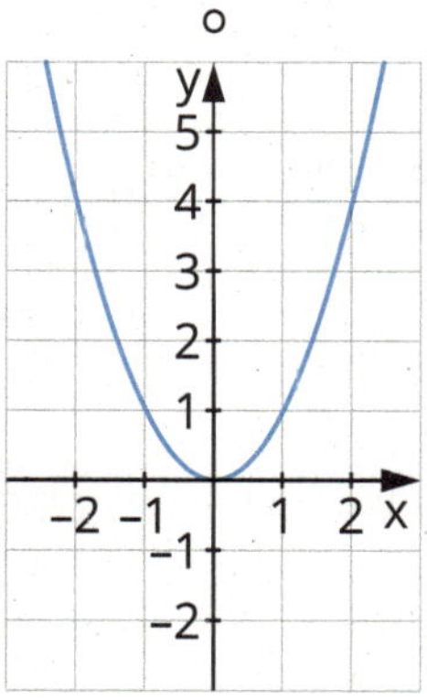

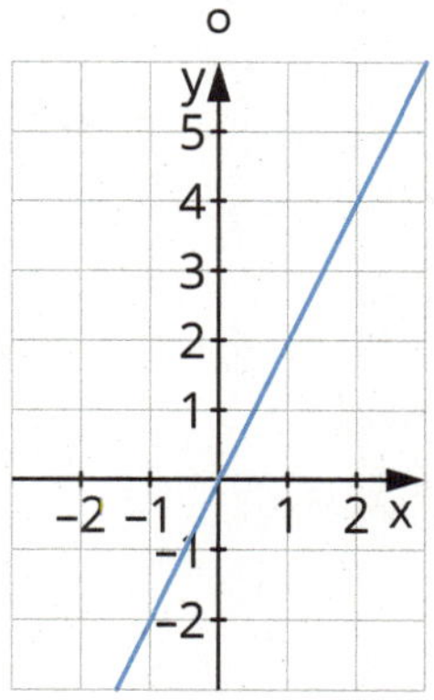

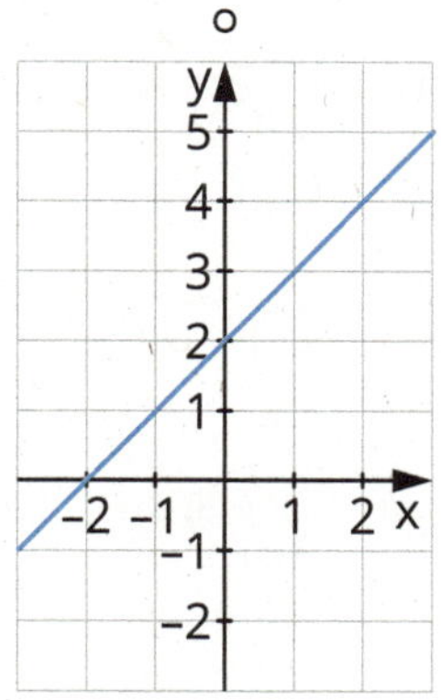

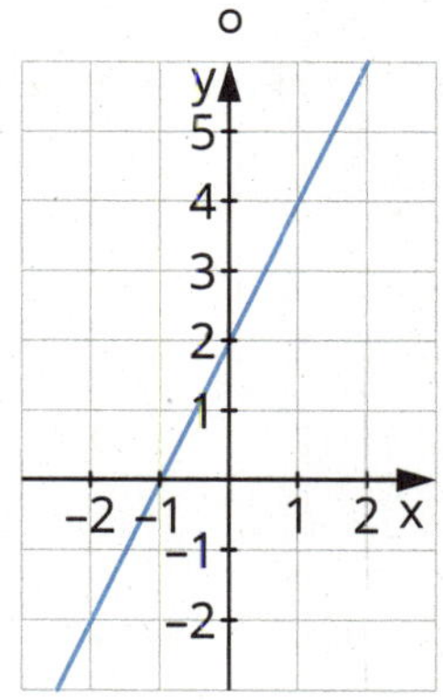

Lineare Funktionen

1. Ordne die passende Funktionsgleichung der Wertetabelle zu.

Ⓐ

x	1	2	3	4	5
y	2	4	6	8	10

y = ____________

Ⓑ

x	1	2	3	4	5
y	0,5	1	1,5	2	2,5

y = ____________

Ⓒ

x	1	2	3	4	5
y	–0,5	0	0,5	1	1,5

y = ____________

Ⓓ

x	1	2	3	4	5
y	–1	0	1	2	3

y = ____________

Ⓔ

x	1	2	3	4	5
y	3	4	5	6	7

y = ____________

$y = x - 2$

$y = \frac{1}{2}x$

$y = \frac{1}{2}x - 1$

$y = x + 2$

$y = 2x$

2. Für eine Taxifahrt in Althausen zahlt der Fahrgast eine Grundgebühr von 4 € und zusätzlich 1,50 € pro gefahrenem km.

a) Berechne die Fahrpreise und ergänze die Tabelle.

x (km)	5	10	15		25	30	40
y (€)	11,50			34,00	41,50		

b) Zeichne den zugehörigen Graphen in das rechts abgebildete Koordinatensystem.

c) Vervollständige die Funktionsgleichung für den Preis y bei einer Taxifahrt von x km.

y = ________ · x + ________

d) Die Preise für eine Taxifahrt in Althausen steigen: Ab dem 1. Januar zahlt der Fahrgast 5 €, unabhängig von der Fahrstrecke und zusätzlich 1,80 € pro km.

Gib die Funktionsgleichung für den gestiegenen Preis y bei einer Taxifahrt von x km an und zeichne den zugehörigen Graphen in das rechts abgebildete Koordinatensystem.

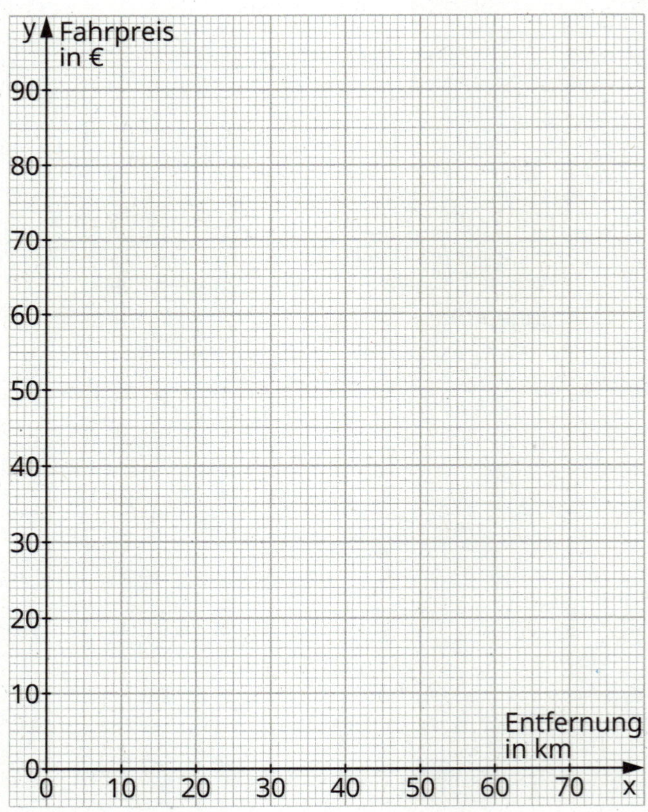

Steigung einer Geraden

1. Berechne jeweils die Steigung in Prozent und gib an, welcher Berg am steilsten ist.

Ⓐ

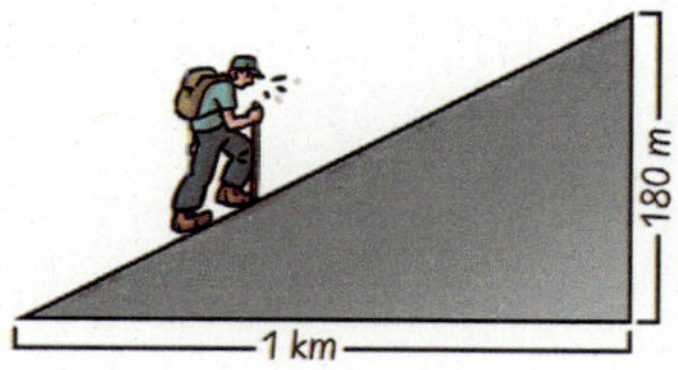

Ⓑ

Ⓒ

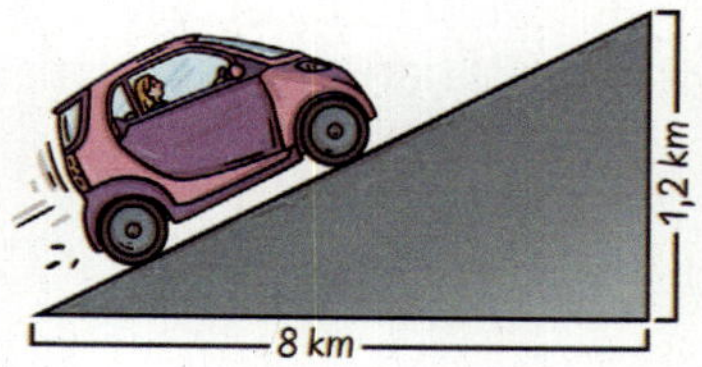

Ⓐ Steigung $m = \frac{\text{Höhendifferenz}}{\text{Seitendifferenz}}$

$m = \frac{180\,m}{1000\,m} = 0{,}18 = 18\,\%$

Antwort: ______________________________

2. Bestimme die Steigung der Geraden mit allen eingezeichneten Steigungsdreiecken. Was stellst du fest?

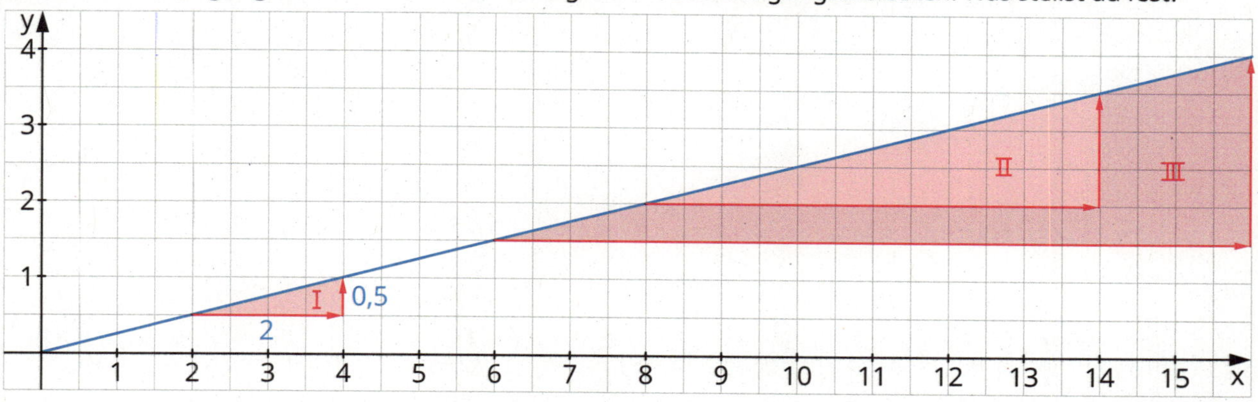

I $m = \frac{0{,}5}{2} = \frac{1}{4}$

II

III

Antwort: ______________________________

3. Bestimme die Steigung der Geraden.

a)

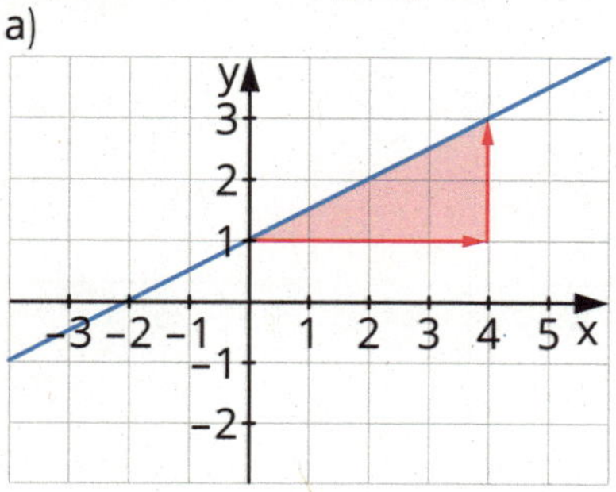

b)

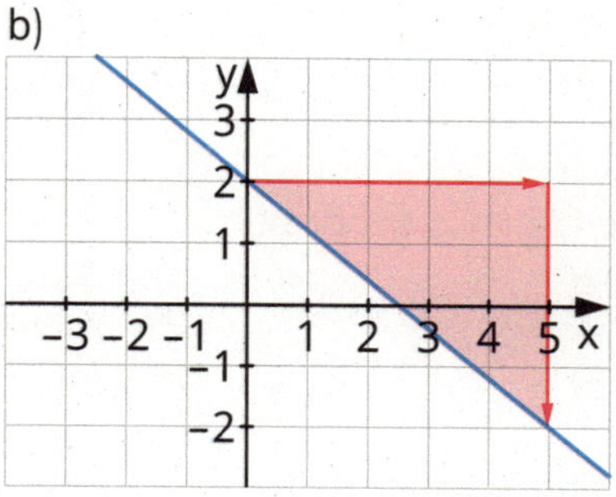

c)

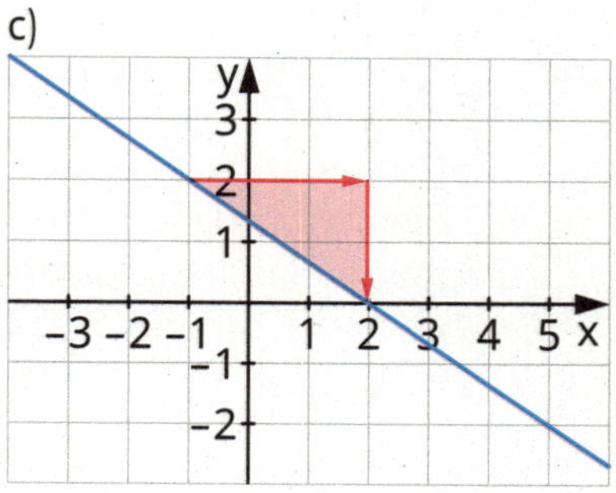

a) m = ____________ b) m = ____________ c) m = ____________

4. Verbinde die Satzanfänge mit den passenden Satzenden.

Eine Gerade mit negativer Steigung erkennt man daran, dass ○	○ sie parallel verlaufen.
Eine Gerade mit Steigung Null erkennt man daran, dass ○	○ sie fallend verläuft.
Zwei Geraden mit derselben Steigung erkennt man daran, dass ○	○ sie waagerecht verläuft.

Die Bedeutung von m und n bei linearen Funktionen

1. Lies die Steigung m des Graphen und seinen y-Achsenabschnitt n aus dem Koordinatensystem ab.
Notiere dann die Funktionsgleichung.

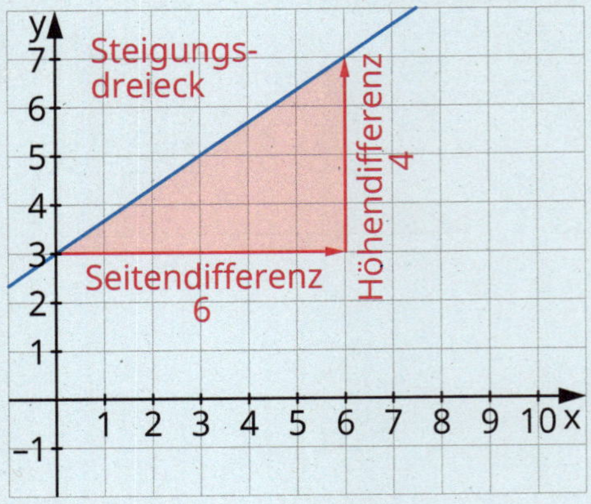

Ansatz: $y = mx + n$

Steigung = $\frac{\text{Höhendifferenz}}{\text{Seitendifferenz}}$

$m = \frac{4}{6} = \frac{2}{3}$

Schnittpunkt mit der y-Achse (0|3), also n = 3

Geradengleichung:
$y = \frac{2}{3}x + 3$

a)
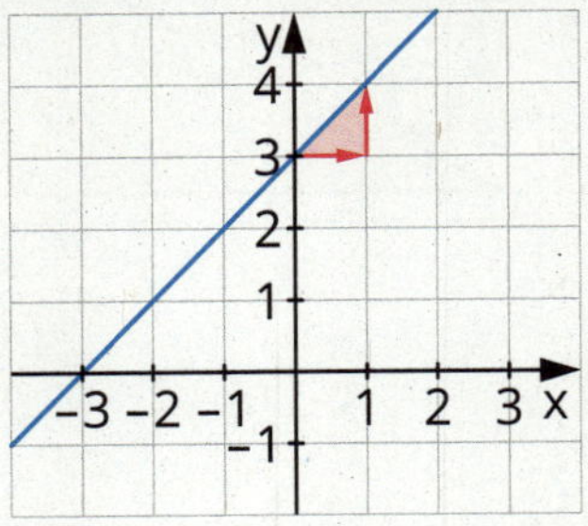

m = ______ n = ______

y = ______

b)
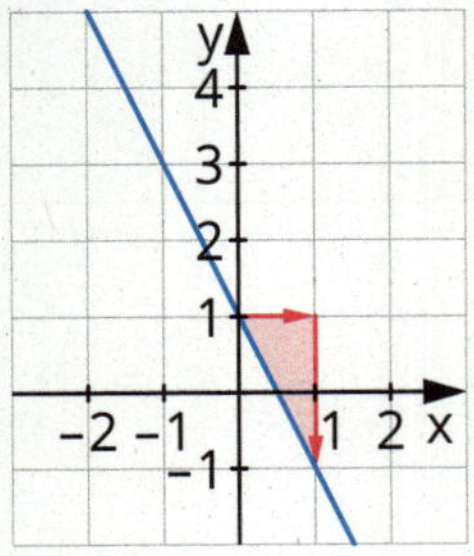

m = ______ n = ______

y = ______

c)
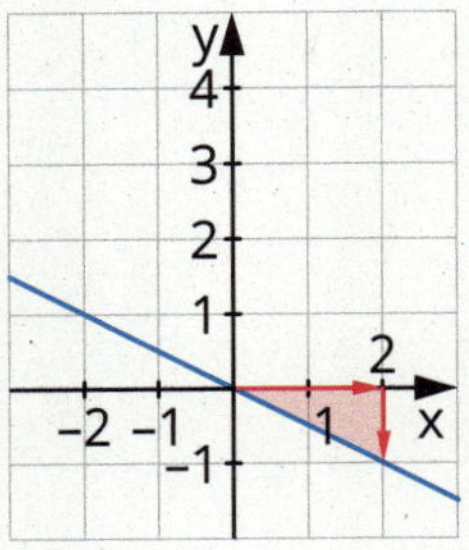

m = ______ n = ______

y = ______

d)
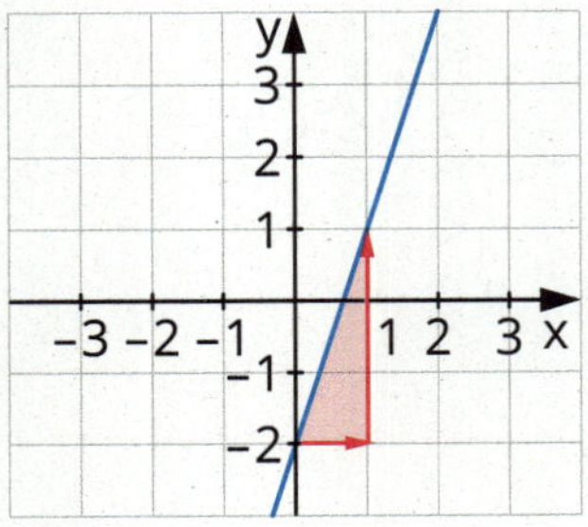

m = ______ n = ______

y = ______

2. Gib zuerst m und n an. Färbe dann den zugehörigen Graphen in der passenden Farbe.

a) $y = 2x - 3$ (gelb) m = $2 = \frac{2}{1}$ n = -3

b) $y = -\frac{7}{2}x + 1$ (rot) m = ______ n = ______

c) $y = -\frac{1}{2}x - 3$ (blau) m = ______ n = ______

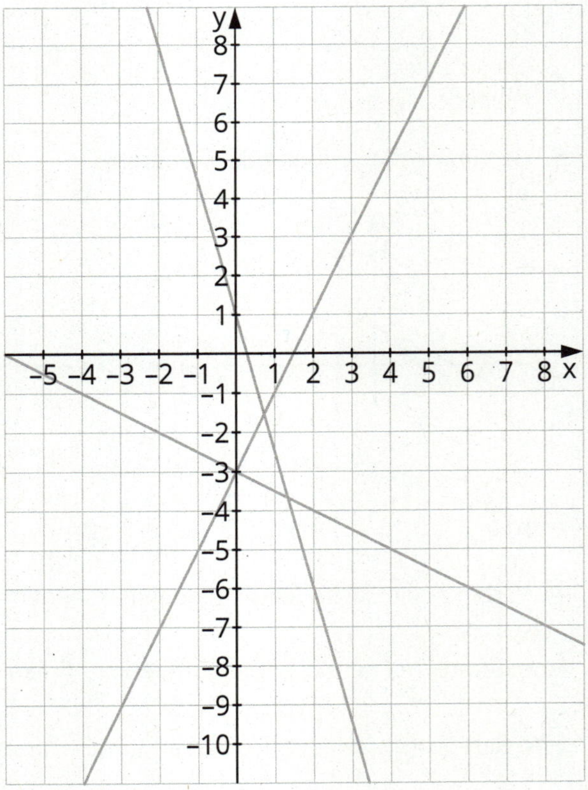

3. Gib zuerst m und n an. Zeichne dann den zugehörigen Graphen in das Koordinatensystem.

a) $y = -x + 2$ m = $-1 = \frac{-1}{1}$ n = 2

b) $y = -\frac{1}{2}x$ m = ______ n = ______

c) $y = -2x - 2$ m = ______ n = ______

Aufstellen einer Funktionsgleichung

1. Erstelle mit den vorgegebenen Werten die Gleichung einer linearen Funktion, deren Graph ...

a) ... die y-Achse im Punkt (0|0) schneidet und die Steigung 2 besitzt.

y = ______ x + ______

b) ... die Steigung Null besitzt und die y-Achse im Punkt (0|−4) schneidet.

y = ______ x + ______

c) ... möglichst steil verläuft und den Graphen aus Teilaufgabe b) auf der y-Achse schneidet.

y = ______ x + ______

$m = -2$ $m = -\frac{3}{2}$ $m = -2{,}5$ $m = 4$ $m = 2$ $m = 0$

$n = 4$ $n = 0$ $n = -1$ $n = -4$

2. Zeichne die beiden Punkte in das Koordinatensytem und verbinde sie durch eine Gerade.
Bestimme dann m und n und gib die Funktionsgleichung an.

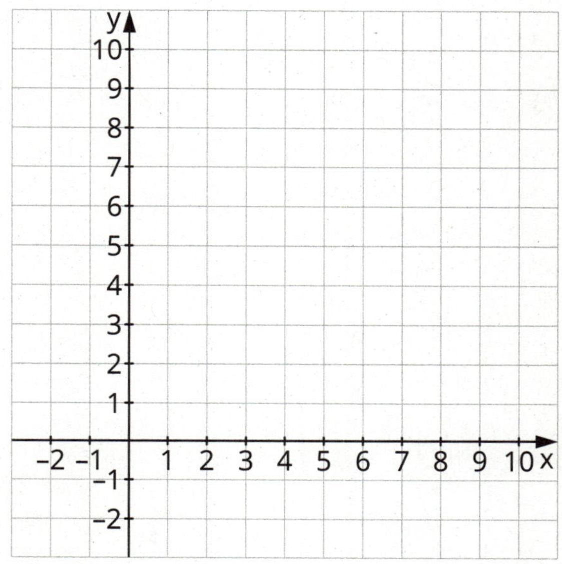

a) A(0|−1) und B(6|2)

m = ______ n = ______ y = ______

b) C(−2|6) und D(0|2)

m = ______ n = ______ y = ______

c) E(0|3) und F(3|4)

m = ______ n = ______ y = ______

d) G(−1|9) und H(9|−1)

m = ______ n = ______ y = ______

3. Beschrifte die passende Gerade und gib ihre Funktionsgleichung an.

a) Die Gerade g_1 hat die Steigung 2,5 und geht durch den Punkt A(−2|2).

y = ______

b) Die Gerade g_2 schneidet die x-Achse an der Stelle 6 und die y-Achse an der Stelle 2.

y = ______

c) Die Gerade g_3 geht durch die Punkte B(−5|−6) und C(1|6).

y = ______

d) Die Gerade g_4 geht durch den Punkt D(−5|2) und schneidet die y-Achse im rechten Winkel.

y = ______

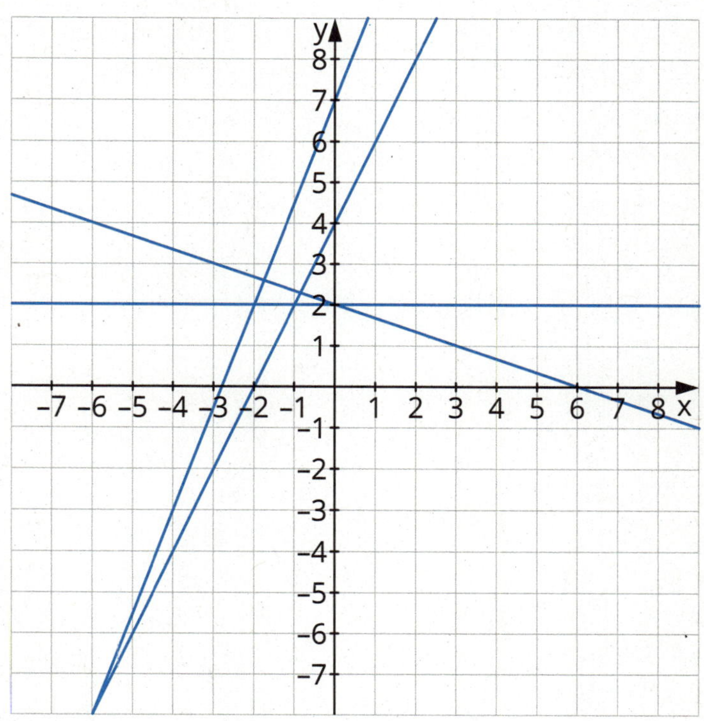

Lineare Funktionen in Sachzusammenhängen

1. Vervollständige die Tabelle.

<table>
<tr><th></th><th>Wertetabelle</th><th>Beschreibung mit Worten</th><th>Funktions-gleichung</th><th>Graph</th></tr>
<tr><td>a)</td><td><table><tr><td>Zeit in h</td><td>0</td><td>1</td><td>2</td></tr><tr><td>Wasser-stand in cm</td><td>250</td><td>225</td><td>200</td></tr></table></td><td>Aus einem Becken wird Wasser abgepumpt. Der Wasserstand von ursprünglich 250 cm sinkt in der Stunde um 25 cm.</td><td>y = ___ − 25x</td><td>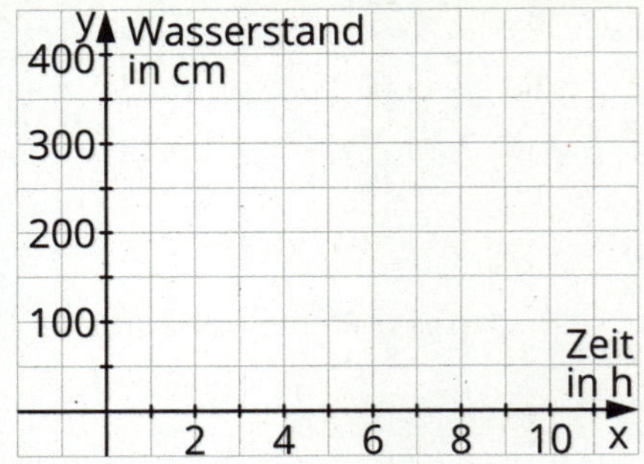
</td></tr>
<tr><td>b)</td><td><table><tr><td>Anzahl</td><td>2</td><td>4</td><td>6</td></tr><tr><td>Preis in €</td><td>4</td><td>8</td><td>12</td></tr></table></td><td>Im Supermarkt kostet jede Flasche Bio-Apfelsaft ______ €.</td><td>y = ___x</td><td>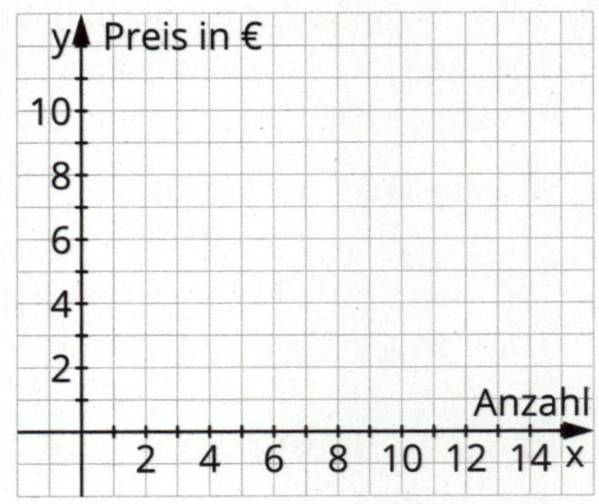
</td></tr>
<tr><td>c)</td><td><table><tr><td>Anzahl</td><td>0</td><td>4</td><td>8</td></tr><tr><td>Preis in €</td><td></td><td></td><td></td></tr></table></td><td>Zusätzlich zu der monatlichen Kontogebühr von 2 € verlangt die Bank 0,50 € pro Überweisung.</td><td>y = ___ + ___x</td><td>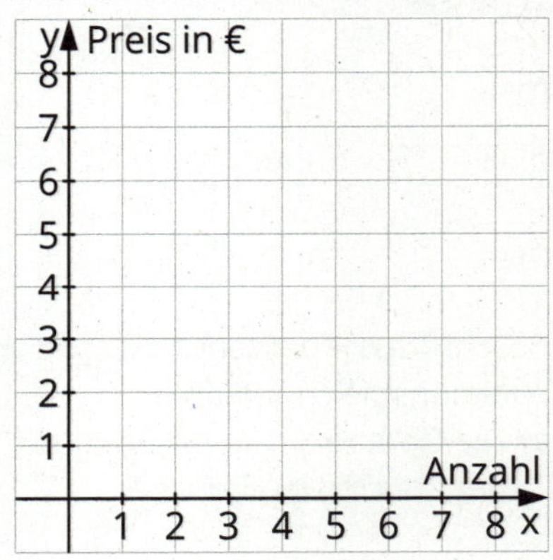
</td></tr>
<tr><td>d)</td><td><table><tr><td></td><td></td><td></td><td></td></tr><tr><td></td><td></td><td></td><td></td></tr></table></td><td>Eine Kerze ist zu Beginn ______ cm hoch. Jede Minute brennen ______ cm ab.</td><td>$y = 4 - \frac{1}{2}x$</td><td>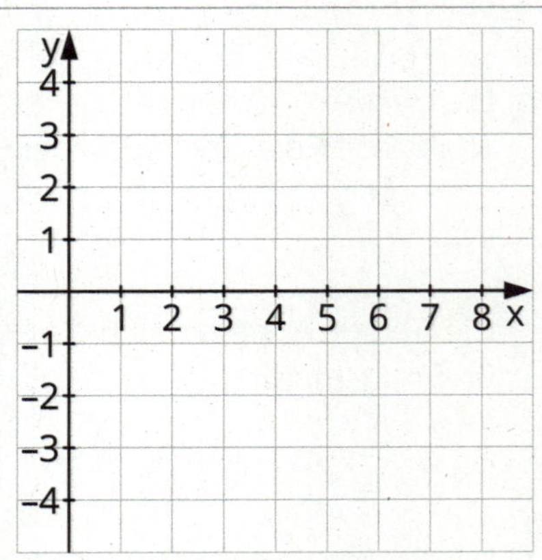
</td></tr>
</table>

Proportionale Funktionen

1. Fülle die Wertetabelle aus, zeichne den Graphen und gib die Funktionsgleichung an.
Sandra befüllt ihr leeres Aquarium gleichmäßig mit Wasser. Pro Minute steigt der Wasserstand um 3,5 cm.

Anzahl Minuten (x)	Höhe des Wasserstandes in cm (y)
0	0
2	
4	
8	

y = ______

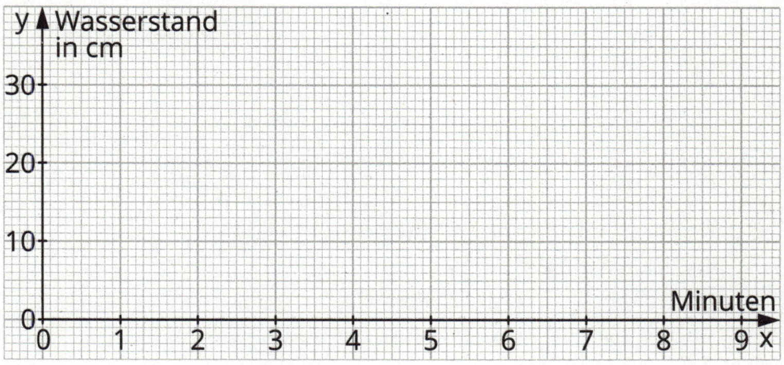

2. Fülle die Wertetabelle aus, zeichne den Graphen und gib die Funktionsgleichung an.
In einem Land in Europa kosten 1 Liter Super 1,50 €.

Anzahl Liter	Preis (€)
0	
6	
	12
10	
	6
2	

y = ______

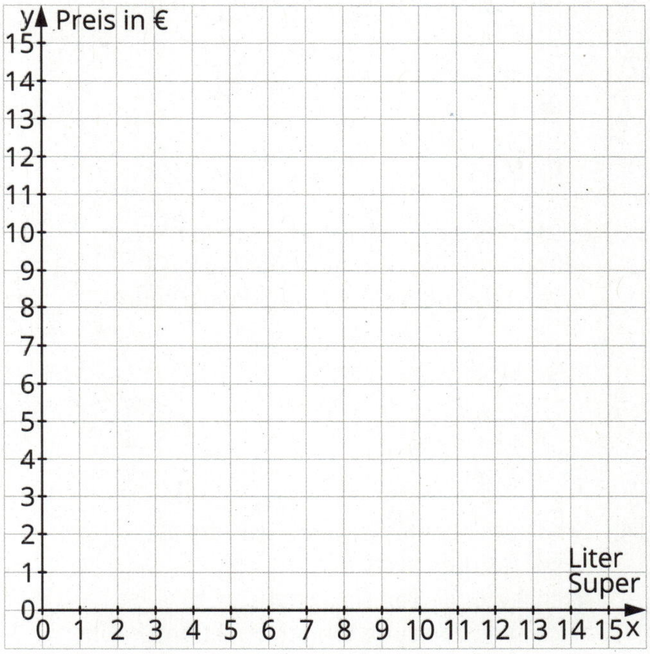

3. Verbinde die Wertetabelle mit der passenden Funktionsgleichung. Entscheide anschließend, ob die Funktion proportional ist.

a) proportional? ☐ ja ☐ nein

x	0	4	8	12
y	4	16	28	40

b) proportional? ☐ ja ☐ nein

x	0	3	5	7
y	0	15	25	35

c) proportional? ☐ ja ☐ nein

x	3	6	9	12
y	15	27	39	51

d) proportional? ☐ ja ☐ nein

x	4	5	10	16
y	16	20	40	64

- $y = 4x$
- $y = 5x$
- $y = 3x + 4$
- $y = 4x + 3$

1. Lies die Steigung m des Graphen und seinen y-Achsenabschnitt n aus dem Koordinatensystem ab. Notiere dann die Funktionsgleichung.

Graph f_1: m = ________ n = ________

y = ____________________

Graph f_2: m = ________ n = ________

y = ____________________

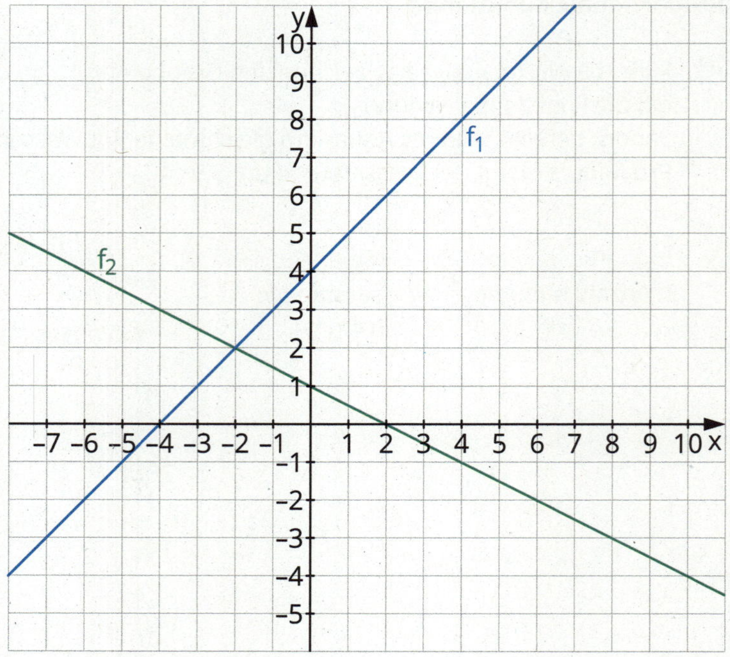

2. Zeichne die Graphen der Funktionen in das Koordinatensystem ein.
f_3: $y = 2x - 3$ f_4: $y = -\frac{5}{3}x + 8$

3. a) Gib die Funktionsgleichung von g_1 und g_2 an.

g_1: y = ____________________

g_2: y = ____________________

b) Die Gerade g_3 schneidet g_1 im Punkt S und trifft die x-Achse an der Stelle 16. Vervollständige ihre Funktionsgleichung.

g_3: y = ________ x + 10

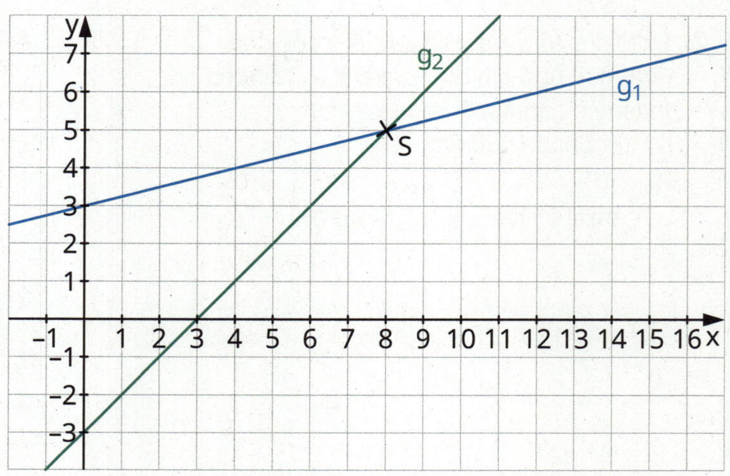

4. Timo zündet eine Geburtstagskerze an.
Nach 3 Minuten ist sie 6 cm hoch.
Nach 9 Minuten ist sie 2 cm hoch.

a) Zeichne den zugehörigen Funktionsgraphen und gib die Funktionsgleichung an.

y = ____________________

b) Lies die Schnittpunkte des Graphen mit den beiden Koordinatenachsen ab. Erkläre ihre Bedeutung im Sachzusammenhang.

y-Achse: $S_y(0|$ ____ $)$

Bedeutung: ____________________

____

x-Achse: $S_x($ ____ $|0)$

Bedeutung: ____________________

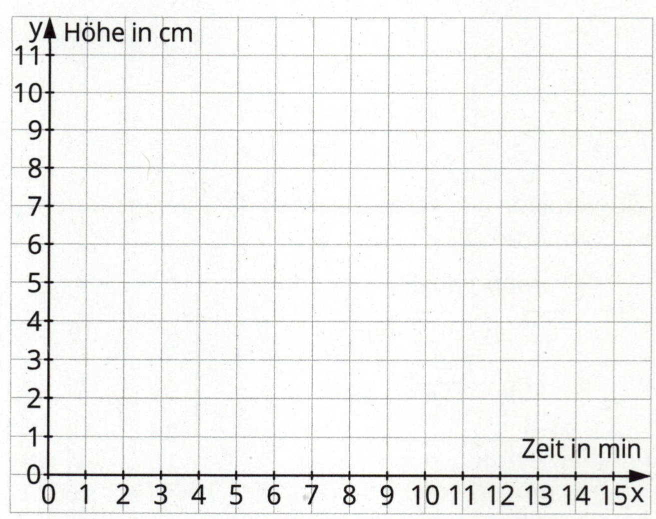

Ähnlichkeit

3

1. Abgebildet ist die Ferieninsel Sylt vor der Küste Norddeutschlands und Dänemarks.
Berechne die Länge (Nord-Süd-Ausdehnung) von Sylt.

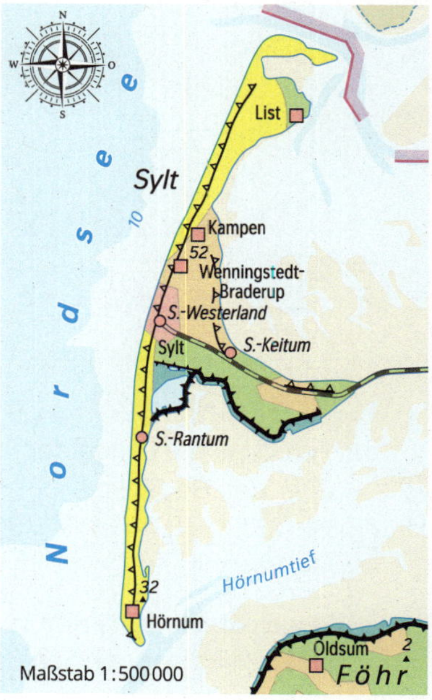

Maßstab 1 : 500 000 bedeutet: In Wirklichkeit ist alles 500 000-mal so lang wie auf der Karte.
Also: gemessene Länge · 500 000 = … cm = … km

Antwort: ______________________________

2. Lege die Strecken mit einem Faden nach und ermittle so die Entfernungen auf dem Bild.

a) Berechne die Streckenlänge bei einer Fahrt auf dem Rhein von Karlsruhe bis Straßburg.

Antwort: ______________________________

b) Lisa behauptet: „Von Karlsruhe bis Basel sind es auf dem Rhein 180 km." Überprüfe, ob Lisa recht hat.

Antwort: ______________________________

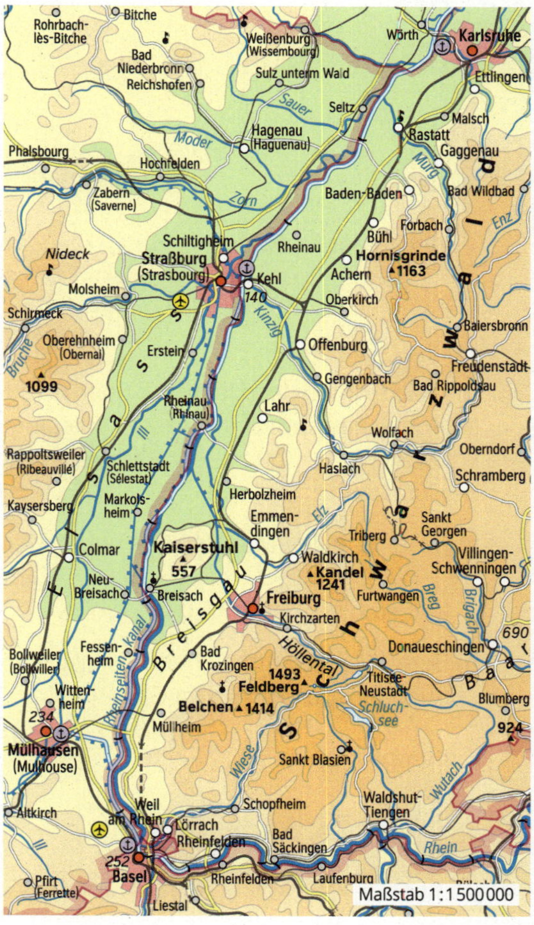

Maßstab

1. a) Gib den Maßstab der Karte an.

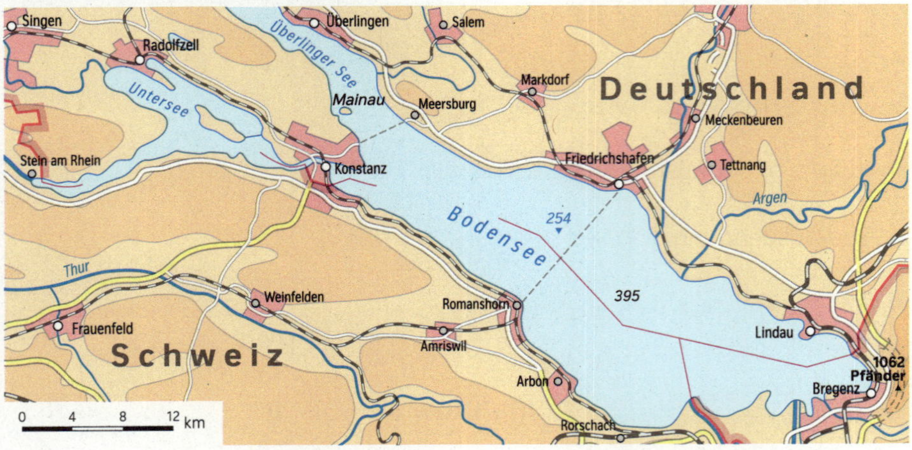

Entfernung von Friedrichshafen nach Romanshorn:

Karte: 2 cm
Wirklichkeit: 12 km

12 km : 2 cm
= 12 000 m : 2 cm
= 1 200 000 cm : 2 cm
= 600 000

1 : 600 000

Antwort: ______________________________

b) Berechne die Länge der Strecke von Konstanz bis Bregenz über den Bodensee.

Antwort: ______________________________

c) In welche Stadt kommt man von Romanshorn nach einer 24 km langen Schifffahrt?

Antwort: ______________________________

2. Ergänze die Angaben in der Tabelle.

	a) Stadtplan	b) Wanderkarte	c) Weltkarte	d) Bauzeichnung
Maßstab	1 : 30 000	______	1 : 10 000 000	1 : 20
Länge in der Karte	______ cm	3,2 cm	10 cm	______ cm
Länge in Wirklichkeit	1,35 km	1,28 km	______ km	4,80 m

3. Die Karte gibt einen Überblick über Wanderwege im Vogelsberggebiet in Hessen. Ausgangs- und Endpunkt jeder Tour ist der Parkplatz unterhalb des Taufsteins.

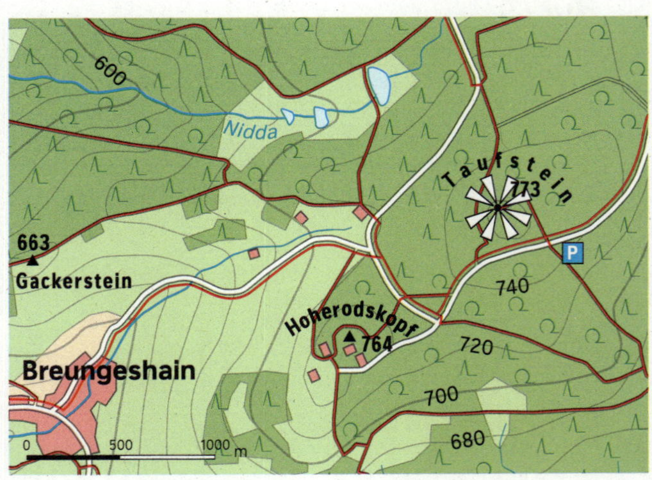

a) Bestimme den Maßstab der Wanderkarte.

Maßstab: ______________

b) Berechne die Luftlinienentfernung vom Ausgangspunkt bis zum Gackerstein.

Entfernung: ______________

Vergrößern und Verkleinern

1. Ist die große Figur eine maßstäbliche Vergrößerung der kleinen? Wenn ja, dann bestimme den Vergrößerungs-Faktor.

a)

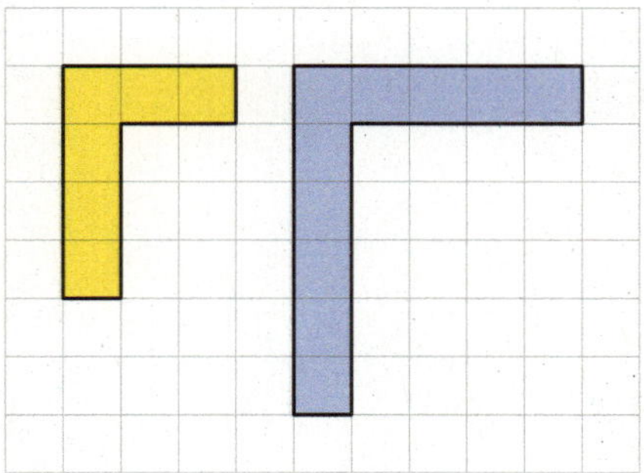

Vergrößerung: ja ☐ nein ☐

Wenn ja, Faktor: ____________

b)

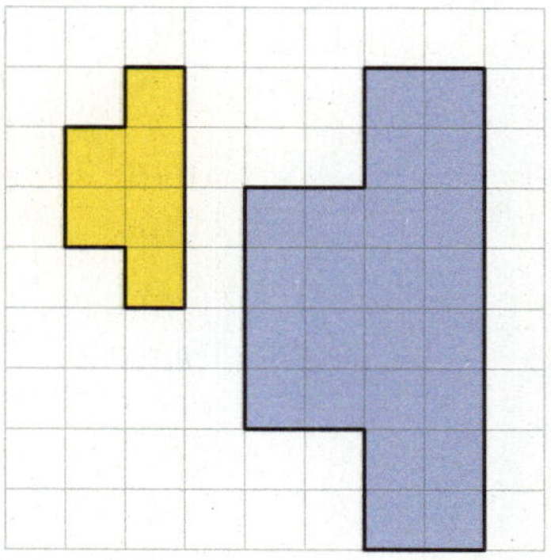

Vergrößerung: ja ☐ nein ☐

Wenn ja, Faktor: ____________

c)

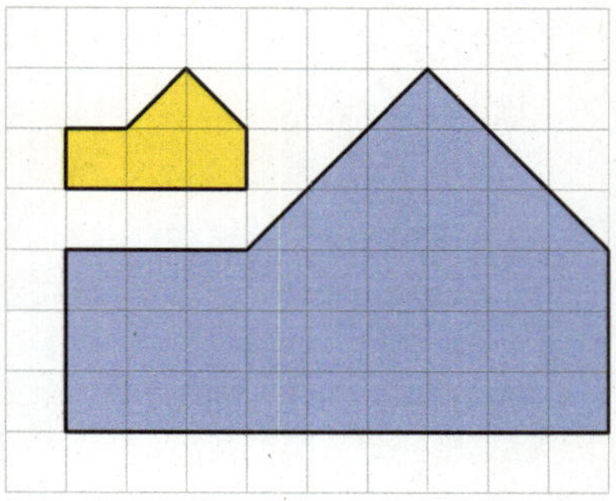

Vergrößerung: ja ☐ nein ☐

Wenn ja, Faktor: ____________

2. Bestimme den Umfang und den Flächeninhalt der Figuren zu Aufgabe 1b) und c).

Figuren zu 1b):

gelbe Figur u = ________ cm A = ________ cm^2

blaue Figur u = ________ cm A = ________ cm^2

Faktor für u: ________ für A: ________

Figuren zu 1c):

gelbe Figur u = ________ cm A = ________ cm^2

blaue Figur u = ________ cm A = ________ cm^2

Faktor für u: ________ für A: ________

3. Die angefangene kleine Figur soll eine Verkleinerung der großen Figur werden. Bestimme den Maßstab und den Verkleinerungs-Faktor. Dann zeichne die Figur zu Ende.

a)

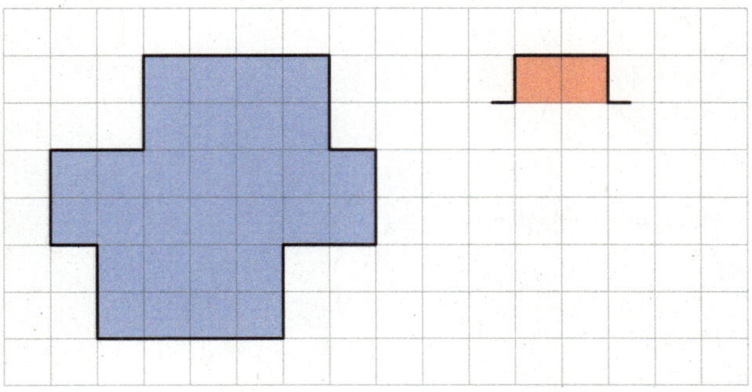

Maßstab: ____________ Faktor: ____________

b)

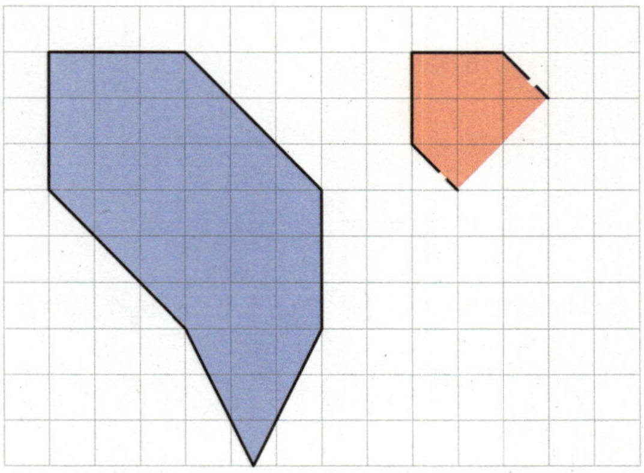

Maßstab: ____________ Faktor: ____________

Längenverhältnisse von Strecken

1. Notiere das Längenverhältnis a : b der Strecken a und b so weit wie möglich gekürzt.
Kontrolle: Berg in Europa

a) a = 20 mm
b = 5 mm

b) a = 15 mm
b = 9 mm

c) a = 12 mm
b = 15 mm

d) a = 16 mm
b = 12 mm

e) a = 12 mm
b = 18 mm

f) a = 4 mm
b = 10 mm

g) a = 17 mm
b = 17 mm

h) a = 15 mm
b = 20 mm

i) a = 18 mm
b = 15 mm

1 : 1 (T) 2 : 3 (P) 2 : 5 (I) 3 : 4 (Z) 5 : 4 (L)
1 : 2 (O) 3 : 5 (F) 6 : 5 (E) ~~4 : 1 (Z)~~
4 : 3 (S) 4 : 5 (G) 5 : 3 (U)

Lösungswort: Z ____________________

a) a : b = 20 : 5 = 4 : 1
b)
c)
d)
e)
f)
g)
h)
i)

2. a) Miss die Seitenlängen dieses Arbeitsheftes.

Höhe: ______________ cm Breite: ______________ cm

b) Entscheide: Hat das Arbeitsheft DIN-A4-Format?

____

c) Ein DIN-A5-Blatt hat dasselbe Seitenverhältnis wie ein DIN-A4-Blatt und ist mit 21 cm so hoch wie das DIN-A4-Blatt breit ist.

Die Breite des DIN-A5-Blattes ist also ______________ cm.

d) Ein DIN-A3-Blatt ist mit 29,7 cm so breit wie ein DIN-A4-Blatt hoch ist.

Seine Höhe ist ______________ cm.

3. Das Seitenverhältnis Breite : Höhe = 3 : 2 findet man häufig bei Fotos, auf Kleinbildfilmen und Digitalkameras.

a) Prüfe, ob das Papier mit den angegebenen Maßen im Format 3 : 2 ist.

15 cm : 10 cm ____

210 mm : 160 mm ____

b) Ein Bild hat das Format 3 : 2. Es ist 42 cm breit. Berechne seine Höhe. ______________

____

c) Ein Bild hat das Format 3 : 2. Es ist 40 cm hoch. Berechne seine Breite. ______________

____

Ähnliche Dreiecke

1. a) Konstruiere das Dreieck D mit den Maßen a = 4,5 cm; b = 3 cm und c = 6 cm.
b) Gib zweimal Längen für die Seiten a, b und c so an, dass die Dreiecke ähnlich zum konstruierten Dreieck D sind.

① a = 9 cm; b = 6 cm; c = ______

② a = ______; b = ______; c = ______

2. Welche der orangenen Dreiecke sind ähnlich zum gelben Dreieck links? Kreuze an.
Achtung: Die Dreiecke sind skizziert; achte nur auf die Maße und nicht auf die Form der Dreiecke.

a)

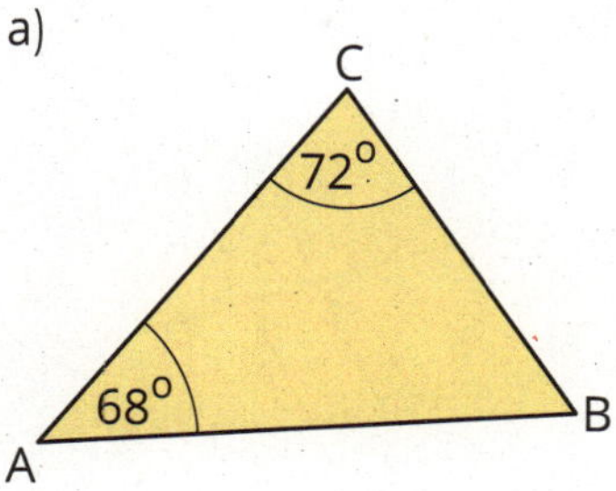

☐

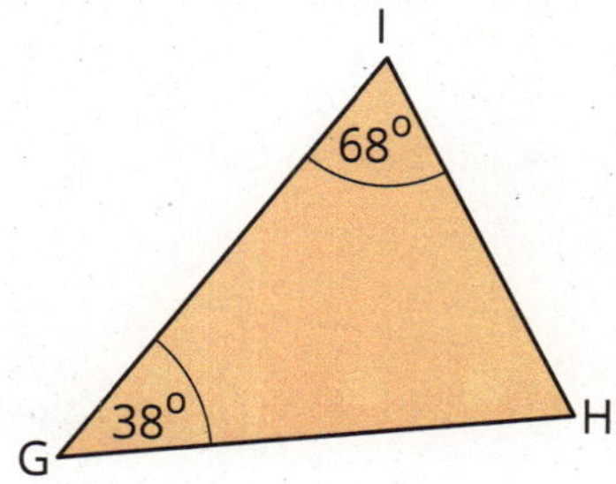

☐

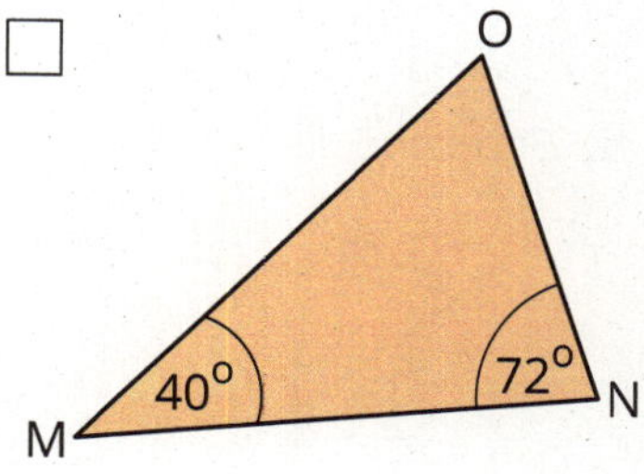

b)

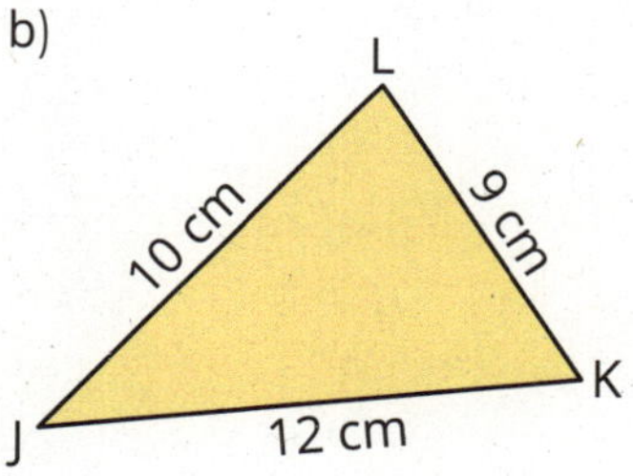

☐

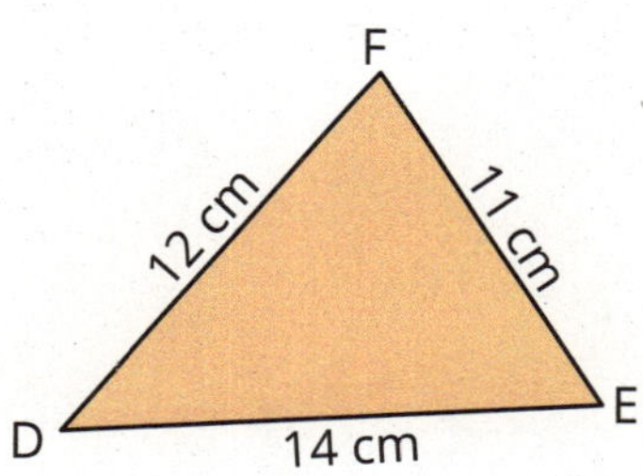

☐

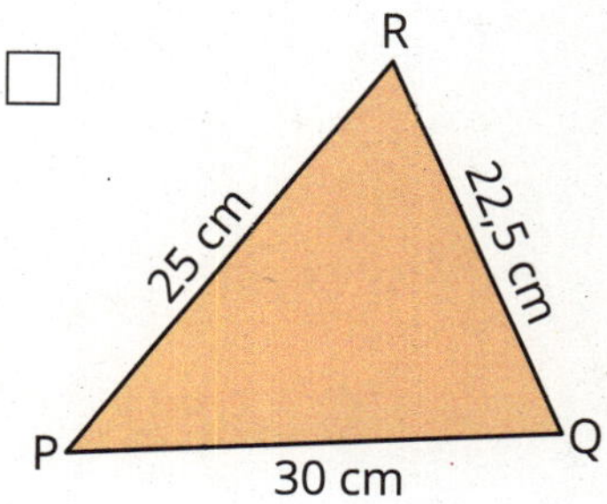

3. Das gelbe und das grüne Dreieck sind jeweils ähnlich. Berechne die Länge der gesuchten Seite.

a)

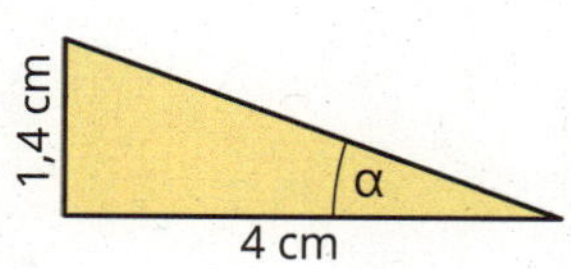

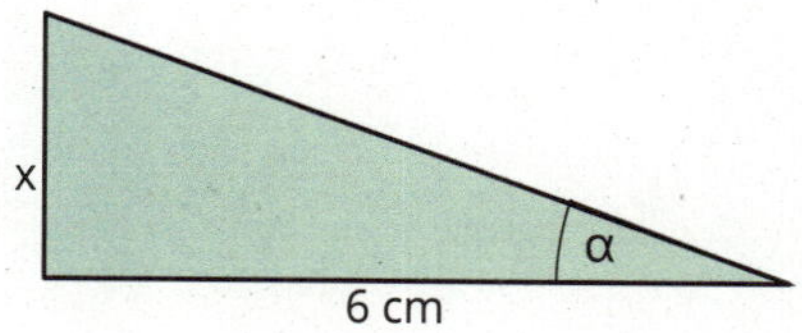

b)

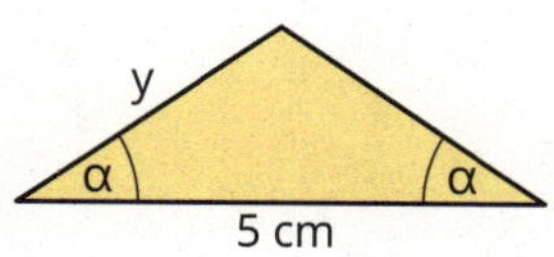

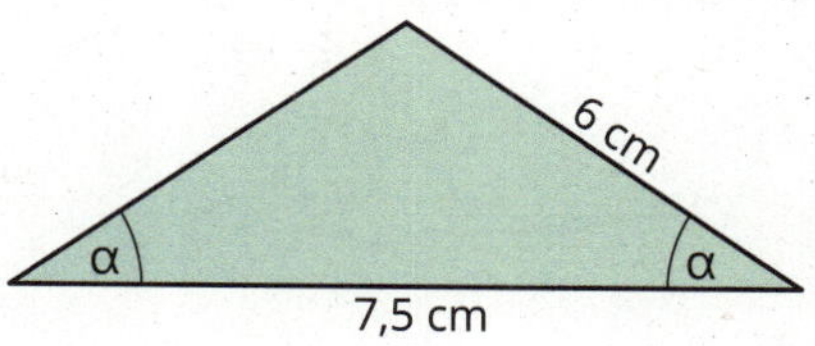

c)

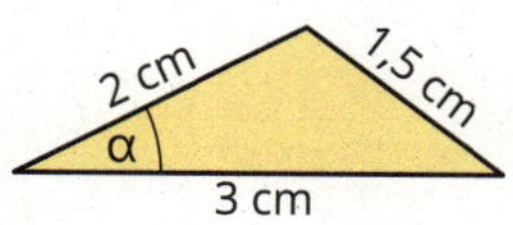

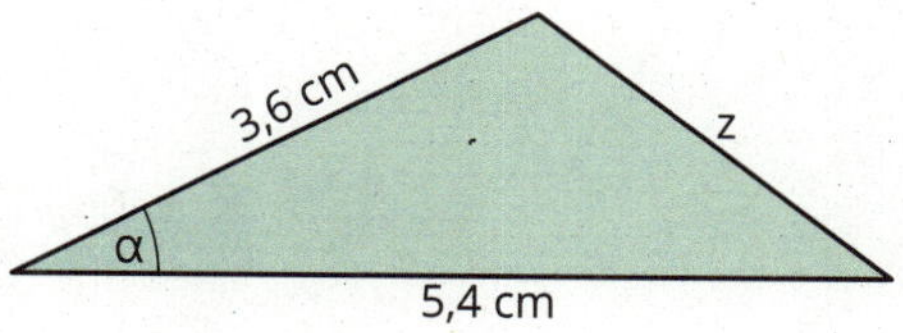

a) $\frac{4}{6} = \frac{1,4}{x}$ | $\cdot 6 \cdot x$
$4x = 1,4 \cdot 6$
$4x = 8,4$ | $:4$
$x = 2,1$
$x = 2,1$ cm

Strahlensätze

1. Bei der abgebildeten Figur werden die Strahlen mit dem gemeinsamen Anfangspunkt Z von zwei Parallelen geschnitten. Es gelten verschiedene Streckenverhältnisse.
Fülle die Leerstellen aus.

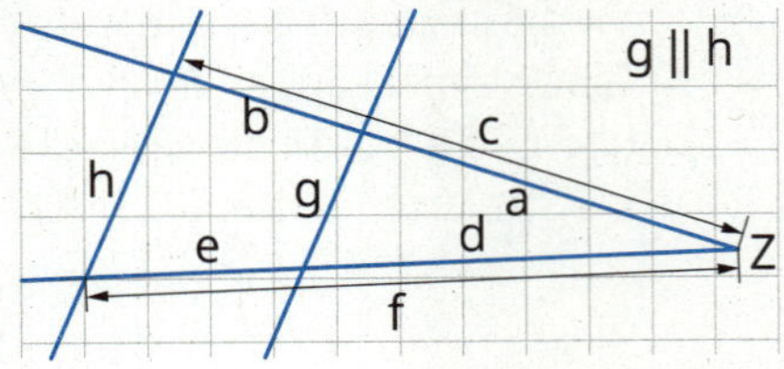

a) $\frac{b}{a} = \frac{e}{\square}$ b) $\frac{d}{e} = \frac{\square}{b}$ c) $\frac{c}{a} = \frac{f}{\square}$

d) $\frac{h}{g} = \frac{f}{\square}$ e) $\frac{g}{h} = \frac{a}{\square}$ f) $\frac{d}{f} = \frac{\square}{h}$

2. Trage die fehlenden Maße in der Strahlensatzfigur so ein, dass sie zu einem Strahlensatz passen. (Figuren nicht maßstäblich, Maße in cm)

a)

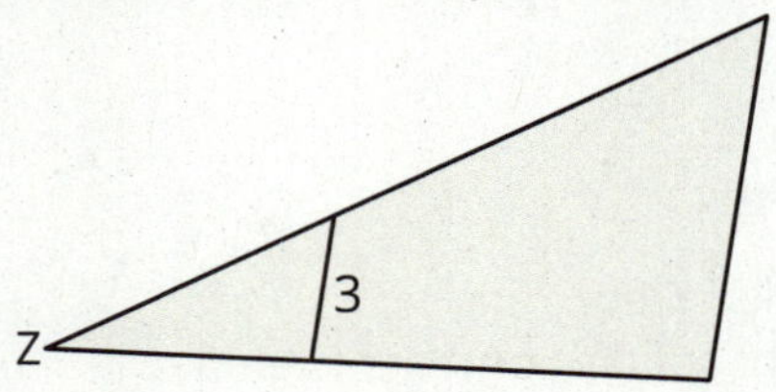

10 6 5

b)

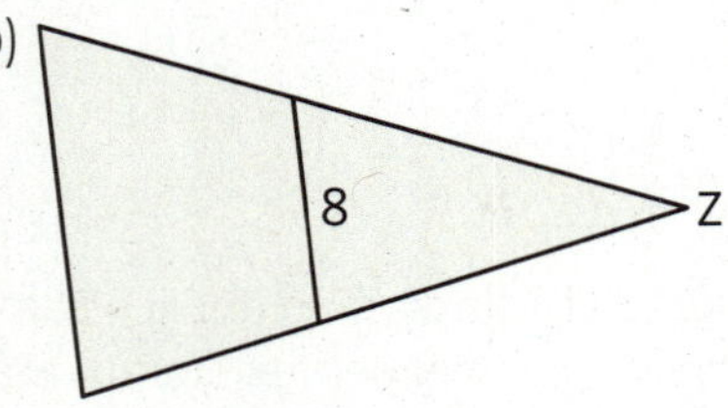

12 10 15

3. Berechne die gesuchte Streckenlänge. Die beiden Geraden g und h sind jeweils parallel.

a)

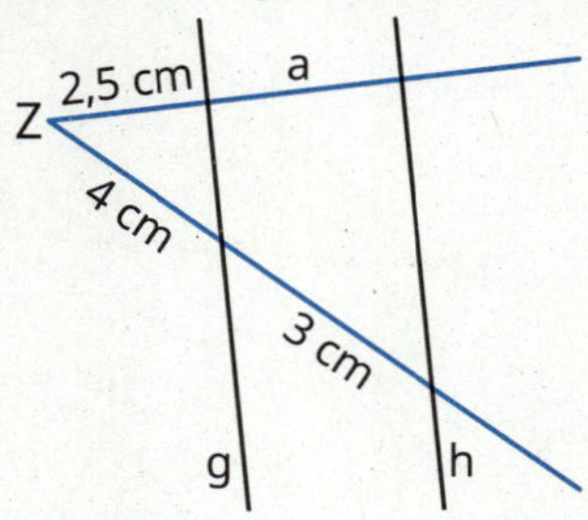

b)

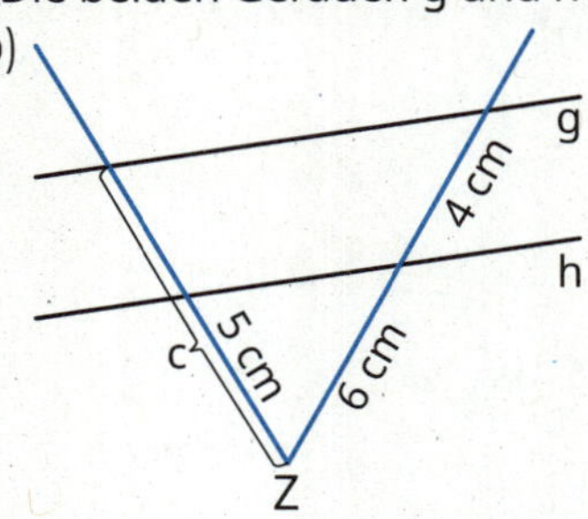

c)

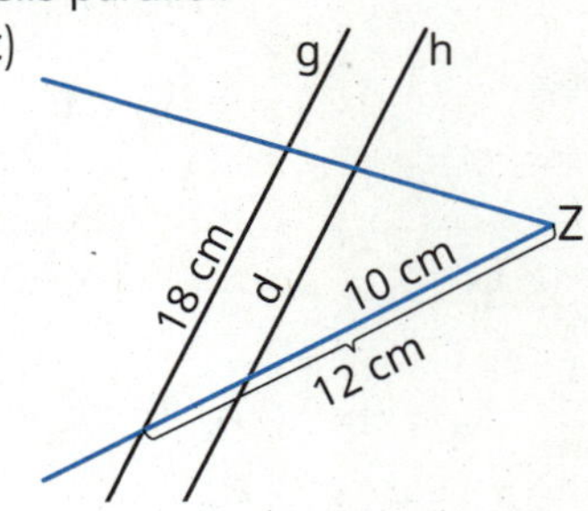

a = ______ c = ______ d = ______

4. Berechne die Länge der Strecke x. Die Geraden g und h sind parallel.

a)

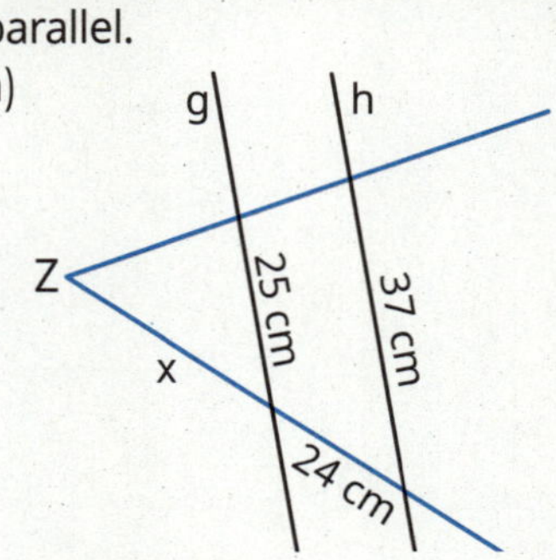

b)

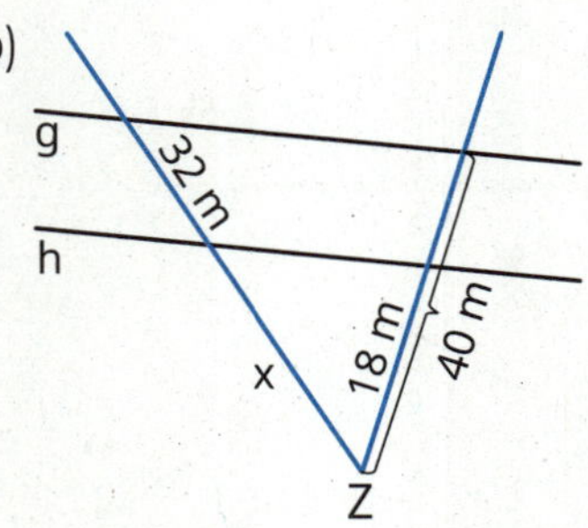

x = ______ x = ______

Anwendungen

1. a) Die Breite eines Teichs soll ausgemessen werden. Berechne die Länge der Strecke x.

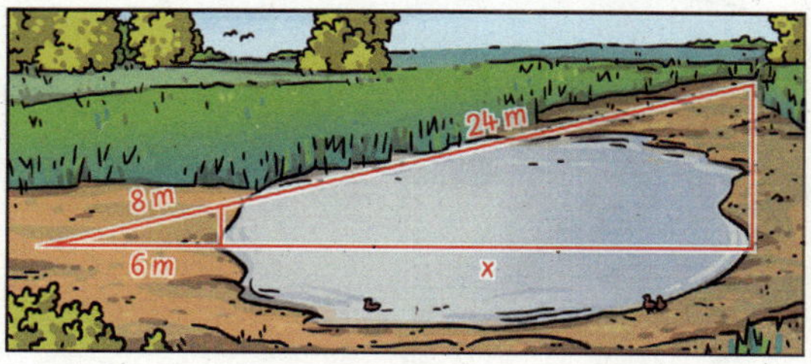

Antwort: ______________________

____

b) Bei Sonnenschein kann mit einem Stab und einem Maßband die Höhe eines Turmes bestimmt werden. Berechne die Turmhöhe.

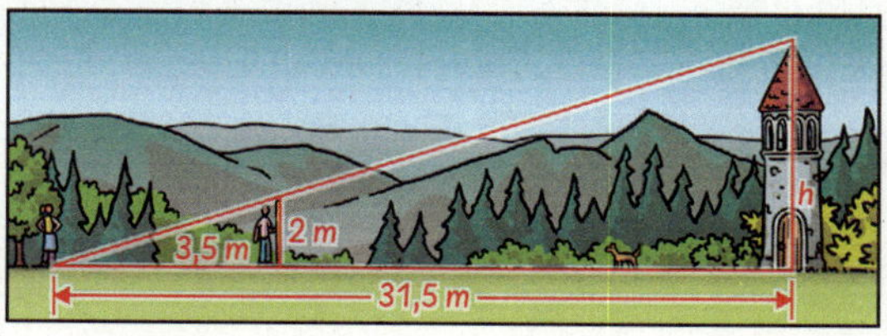

Antwort: ______________________

____

2. Das Dach des Hauses wird über eine Stange angepeilt. Berechne die Höhe h des Hauses.

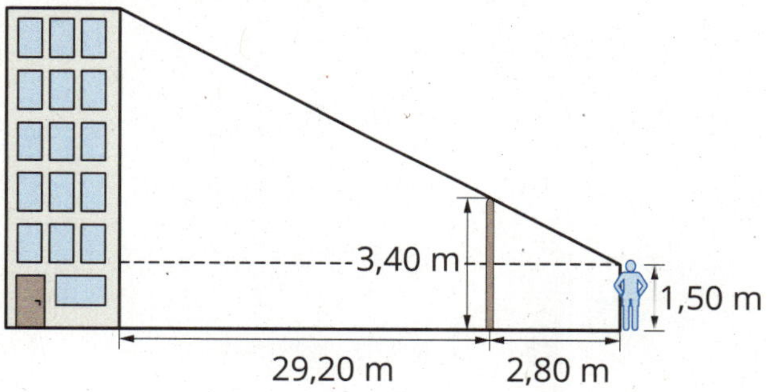

Antwort: ______________________

____

3. Um 14 Uhr wirft ein Fahnenmast bei Sonne einen 6,80 m langen Schatten. Zur gleichen Zeit ist der Schatten der 1,75 m großen Nele 85 cm lang.
a) Fertige eine Skizze an, auf der Nele so steht, dass beide Schatten an derselben Stelle enden.
b) Berechne die Höhe des Fahnenmastes.

Skizze:

Rechnung:

Antwort: ______________________

1. Der Lageplan zeigt drei Burgen.

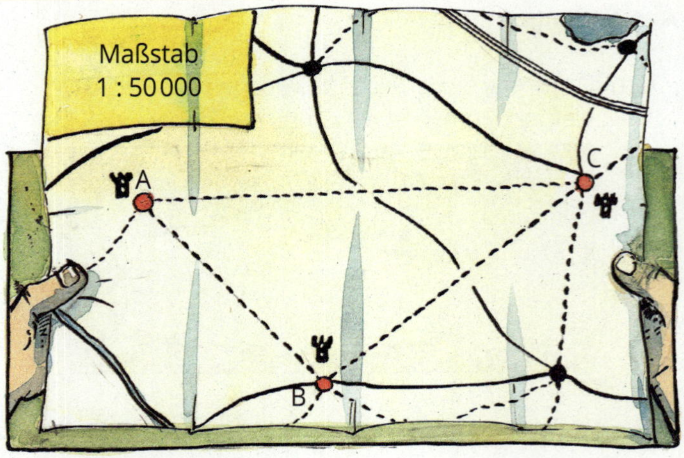

a) Miss die Entfernungen auf dem Lageplan.

$\overline{AB}$ = ________ cm $\overline{BC}$ = ________ cm

$\overline{CA}$ = ________ cm

b) Gib die Entferungen in km an.

$\overline{AB}$ = ________ km $\overline{BC}$ = ________ km

$\overline{CA}$ = ________ km

c) Die Länge des Wanderwegs von A über B nach C und zurück nach A beträgt ________ km.

d) Beim Wandern schaffst du etwa 5 km pro Stunde. Berechne die Gesamtzeit der Tour, wenn du alle drei Burgen jeweils eine Stunde besichtigst und eine Pause von 30 Minuten einplanst.

Antwort: ______________________________

2. Berechne die fehlende Streckenlänge. Es gilt jeweils g || h.

a)

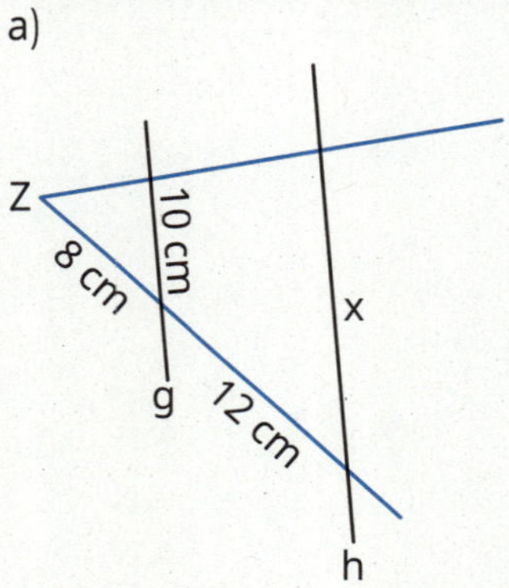

b)

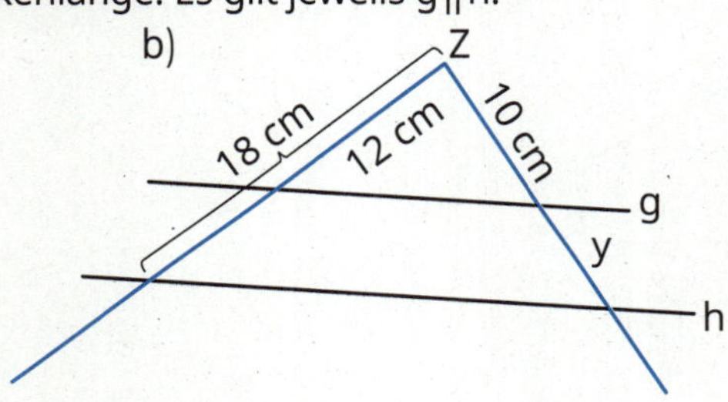

c)

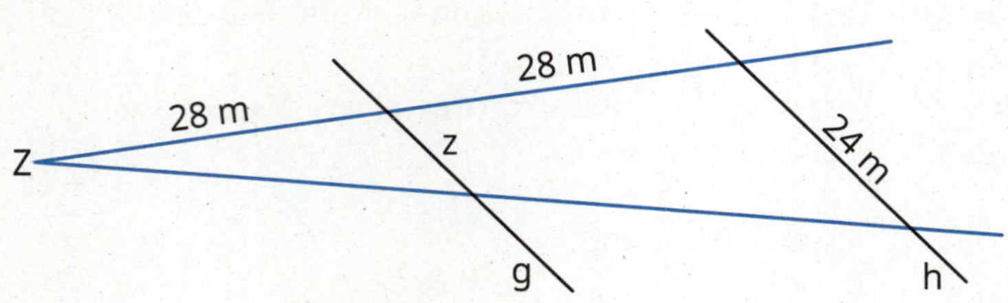

3. Am Rand eines Wanderwegs in der Nähe von Schmallenberg im Sauerland stehen Skulpturen von bekannten Künstlern. Eine davon ist hier abgebildet. Das Kunstwerk stammt von Timm Ulrichs und heißt „Blinker II – ein Lichtspieltheater".

a) Jeder einzelne der beweglich eingehängten Edelstahl-Spiegel besitzt die Maße 50 cm x 83 cm.
Wähle den ungefähren Maßstab des Fotos aus:
1:50 ☐ 1:100 ☐ 1:150 ☐ 1:250 ☐

b) Berechne die Originalgröße der Spiegelfläche.

____

Potenzen und Wurzeln

4

1. Schreibe die Potenz als Produkt und berechne dieses im Kopf.

a) $6^2 = 6 \cdot 6$ ______ = ______ b) $3^4 =$ ______ = ______

c) $4^3 =$ ______ = ______ d) $2^6 =$ ______ = ______

e) $(-2)^3 =$ ______ = ______ f) $(-7)^2 =$ ______ = ______

g) $(-1)^7 =$ ______ = ______ h) $(-5)^2 =$ ______ = ______

i) $20^2 =$ ______ = ______ j) $10^4 =$ ______ = ______

2. Vervollständige die Tabelle.

Produkt	$8 \cdot 8$				$(-6) \cdot (-6)$		$30 \cdot 30$
Potenz		2^4		4^3		$(-3)^3$	
Ergebnis			100				

3. Ordne die Potenzen ihren Ergebnissen in der Tabelle zu.

$81 = 3^4$ = ______ = ______

$256 =$ ______ = ______ = ______

$625 =$ ______ = ______ = ______

~~3^4~~ 81^1 16^2 4^4 2^8 625^1 5^4 25^2 9^2

4. Berechne zuerst und entscheide dann: <, > oder =

a) $6 + 6 < 6^2$ (12, 36) b) 5^2 ■ $5 \cdot 2$ c) 2^3 ■ 3^2 d) $1 \cdot 5$ ■ 1^5 e) 4^2 ■ 2^4

f) $3 \cdot 3$ ■ 3^3 g) 2^5 ■ $2 \cdot 5$ h) 4^3 ■ 3^4 i) $9 \cdot 9$ ■ 9^2 j) 10^2 ■ 5^3

5. Bestimme den Exponenten.

a) $27 = 3^{—}$ b) $10 = 10^{—}$ c) $125 = 5^{—}$

d) $32 = 2^{—}$ e) $64 = 4^{—}$ f) $0{,}04 = 0{,}2^{—}$

g) $\left(\frac{9}{25}\right) = \left(\frac{3}{5}\right)^{—}$ h) $\left(\frac{16}{81}\right) = \left(\frac{2}{3}\right)^{—}$ i) $0{,}001 = 0{,}1^{—}$

3 5 4 3 2 4 2 1 3 3 5 3

Der Exponent ist die „Hochzahl".

6. Wahr (w) oder falsch (f)? Kreuze an!

	(w)	(f)
a) Addiert man zwei gleiche Zahlen, so bildet man das Quadrat einer Zahl.	☐	☐
b) Der Exponent gibt die Anzahl der gleichen Faktoren in einem Produkt an.	☐	☐
c) Das Produkt $7 \cdot 7 \cdot 7$ aus drei gleichen Faktoren schreibt man kurz 7^3.	☐	☐
d) Das Produkt aus zwei gleichen Faktoren (z. B. $5 \cdot 5$) ist immer größer als ihre Summe (5 + 5)	☐	☐
e) Man bildet das Quadrat einer Zahl, indem man sie mit sich selbst multipliziert.	☐	☐

Potenzen

1. Berechne die Potenzen mit dem Taschenrechner.

a) $3^9 =$ ______ $9^3 =$ ______ b) $6^5 =$ ______ $5^6 =$ ______

c) $11^3 =$ ______ $3^{11} =$ ______ d) $0{,}99^3 =$ ______ $9{,}9^3 =$ ______

e) $1{,}3^4 =$ ______ $13^4 =$ ______ f) $12^4 =$ ______ $1{,}2^4 =$ ______

2. Beachte die Rechenregeln. Notiere die Buchstaben hinter der Aufgabe unter die zugehörige Lösungszahl. Wenn du richtig gerechnet hast, ergibt sich ein Lösungswort. Rechne wenn möglich ohne Taschenrechner.

a) $2 + 2 \cdot 3^2 =$ ______ (I) b) $(2 + 5)^2 =$ ______ (O)

c) $2 \cdot 5^2 =$ ______ (B) d) $(17 - 13)^3 =$ ______ (K)

e) $2 + 5^2 =$ ______ (L) f) $3 \cdot 4^2 =$ ______ (R)

g) $8^2 + 6^2 =$ ______ (H) h) $(16 - 10)^2 =$ ______ (A)

a) $2 + 2 \cdot 3^2$
$= 2 + 2 \cdot 9$
$= 2 + 18$
$=$ ______

Lösungszahlen	64	49	100	27	48	36	50	20
Buchstaben								

3. Ein Blatt Papier wird mehrfach **in der Mitte** gefaltet und aufeinander gelegt. Die Dicke des Papiers beträgt etwa 0,1 mm.

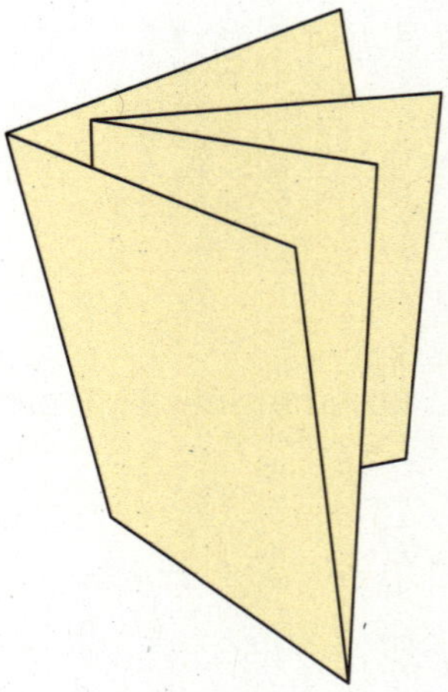

a) Wie viele Lagen Papier erhältst du, wenn du das Blatt 4-mal faltest?

Anzahl: ______

b) Papier kann bis zu 7-mal gefaltet und aufeinander gelegt werden.
Wie viele Lagen sind das und wie dick ist der Stapel nun? Schätze zuerst.

Schätzung: ______ Anzahl: ______ Dicke des Stapels: ______

c) Wie dick würde der gefaltete Papierstapel werden, wenn das Papier 25-mal gefaltet werden könnte? Schätze auch hier zuerst.

Schätzung: ______ Anzahl: ______ Dicke des Stapels: ______

Zehnerpotenzen

1. Immer drei Angaben sind gleich. Verbinde.

10 Millionen	10^0	10 000
eins	10^4	10 000 000
einhunderttausend	10^{10}	100 000
zehntausend	10^7	10 000 000 000
10 Milliarden	10^5	1

2. Schreibe die Zahl einmal mit allen Nullen und einmal mit einer Zehnerpotenz als Faktor.

a) Fünftausend: $5\,000 = 5 \cdot 1\,000 = 5 \cdot 10^3$

b) 12 Millionen: ____________________

c) 320 Milliarden: ____________________

d) Eintausenddreihundert: ____________________

e) 7 Millionen 500 Tausend: ____________________

f) 1 Million 20 Tausend: ____________________

3. Schreibe die Zahl als Zehnerpotenz.

a) 1 Million = ________ b) 1 Tausend = ________ c) 10 Milliarden = ________

d) 100 Millionen = ________ e) 10 Billiarden = ________ f) 100 Milliarden = ________

4. Vervollständige die Lücken.

10 $\xrightarrow{\cdot 10^2}$ [ ] $\xrightarrow{\cdot 10^3}$ [ ] $\xrightarrow{\cdot\ \ }$ 10^8 $\xrightarrow{\cdot\ \ }$ 10^{12}

5. Welches ist das richtige Ergebnis? Rechne, wenn möglich, ohne Taschenrechner. Die den Lösungen zugeordneten Buchstaben ergeben von oben nach unten gelesen eine Freizeitaktivität.

a) $30\,000 \cdot 200\,000 =$	(F) 600 000 000	(T) 6 000 000 000	(L) 60 000 000 000
b) $4\,000\,000 \cdot 2\,000 =$	(A) 8 000 000 000	(U) 80 000 000	(E) 800 000 000
c) $60 \cdot 60\,000 =$	(S) 360 000	(U) 3 600 000	(N) 36 000 000
d) $500\,000 \cdot 120\,000 =$	(C) 60 000 000 000	(B) $6 \cdot 10^9$	(T) 600 000 000 000
e) $30 \cdot 70\,000 =$	(A) $21 \cdot 10^6$	(I) $21 \cdot 10^4$	(H) $21 \cdot 10^5$
f) $11\,000 \cdot 1\,100 =$	(E) $121 \cdot 10^5$	(S) $1\,111 \cdot 10^5$	(L) $1 \cdot 10^7$
g) $16\,000\,000 \cdot 400\,000 =$	(M) $64 \cdot 10^{12}$	(R) $164 \cdot 10^{11}$	(N) $64 \cdot 10^{11}$

Lösungswort: ____________________

Zehnerpotenzen mit negativen Exponenten

1. Ergänze die Tabelle.

Dezimalschreibweise	10 000	1 000	100					
Zehnerpotenz	10^4	10^3	10^2	10^1	10^0	10^{-1}	10^{-2}	10^{-3}

2. Schreibe als Dezimalzahl.

a) 10^{-4} = ______ b) 10^{-7} = ______ c) 10^{-10} = ______

d) 10^{-8} = ______ e) 10^{-6} = ______ f) 10^{-5} = ______

3. Immer drei Angaben sind gleich. Verbinde.

7 Hundertstel	$\frac{7}{1\,000\,000\,000}$	$7 \cdot 10^{-6}$
7 Millionstel	$\frac{7}{1\,000\,000}$	$7 \cdot 10^{-1}$
7 Zehntel	$\frac{7}{100}$	$7 \cdot 10^{-3}$
7 Milliardstel	$\frac{7}{1\,000}$	$7 \cdot 10^{-2}$
7 Tausendstel	$\frac{7}{10}$	$7 \cdot 10^{-9}$

4. Schreibe die Zahl mit einer Zehnerpotenz als Faktor.

a) 0,034 $= 34 \cdot 0{,}001$
$= 34 \cdot 10^{-3}$

b) 0,7 = ______
= ______

c) 0,02 = ______
= ______

d) 0,004 = ______
= ______

e) 0,015 = ______
= ______

f) 0,47 = ______
= ______

5. Schreibe als Bruch und als Dezimalzahl.

a) $5 \cdot 10^{-3} = \frac{5}{1000} = 0{,}005$ b) 10^{-2} = ______

c) $3 \cdot 10^{-2}$ = ______ d) $7 \cdot 10^{-3}$ = ______

e) $8 \cdot 10^{-1}$ = ______ f) $35 \cdot 10^{-2}$ = ______

g) $27 \cdot 10^{-3}$ = ______ h) $602 \cdot 10^{-3}$ = ______

6. Ordne die Zahlen 10^{-4} | 0,1 | 10^{-6} | 0,001 | 10^6 | 10^2 | 0,00001 | 10^{-2} von klein nach groß.

______

7. Berechne.

a) $0{,}005 + 10^{-3}$ = ______ b) $0{,}8 - 10^{-4}$ = ______

c) $10^{-5} - 10^{-6}$ = ______ d) $10^{-4} + 10^{-6}$ = ______

e) $10^{-4} : 10^2$ = ______ f) $10^{-5} : 10^{-2}$ = ______

Standardschreibweise

1. Schreibe in der Standardschreibweise.

a) $24000 =$ $2{,}4 \cdot 10^4$ b) $13400 =$ ____ c) $50000000 =$ ____

d) $5200000000 =$ ____ e) $653000 =$ ____ f) $566000000 =$ ____

2. Schreibe wie im Beispiel.

a) $3{,}5 \cdot 10^5 =$ 350 000 b) $4{,}52 \cdot 10^3 =$ ____ c) $7 \cdot 10^7 =$ ____

d) $9{,}8 \cdot 10^2 =$ ____ e) $3{,}8 \cdot 10^6 =$ ____ f) $1{,}234 \cdot 10^4 =$ ____

3. Schreibe die Dezimalzahl in der Standardschreibweise.

a) $0{,}02 =$ $2 \cdot 10^{-2}$ b) $0{,}004 =$ ____ c) $0{,}0607 =$ ____

d) $0{,}00345 =$ ____ e) $0{,}0078 =$ ____ f) $0{,}000765 =$ ____

g) $0{,}00019 =$ ____ h) $0{,}00293 =$ ____ i) $0{,}0123 =$ ____

4. Schreibe als Bruch und als Dezimalzahl.

a) $10^{-3} = \frac{1}{1000} =$ 0,001 b) $7 \cdot 10^{-4} =$ ____ = ____

c) $3 \cdot 10^{-6} =$ ____ = ____ d) $5{,}4 \cdot 10^{-7} =$ ____ = ____

e) $8{,}8 \cdot 10^{-9} =$ ____ = ____ f) $3{,}3 \cdot 10^{-6} =$ ____ = ____

g) $6{,}6 \cdot 10^{-2} =$ ____ = ____ h) $1{,}23 \cdot 10^{-2} =$ ____ = ____

5. Finde drei Zahlen, die zwischen 0,001 und 0,002 liegen, und schreibe diese in der Standardschreibweise.

____ ____ ____

6. Je drei Zahlen haben denselben Wert. Ordne zu.

$4{,}06 \cdot 10^6$ | ~~$40{,}6 \cdot 10^8$~~ | 406 Millionen | 4,06 Millionen | 4,06 Milliarden | $0{,}406 \cdot 10^9$ | 0,406 Milliarden | $0{,}406 \cdot 10^7$ | $4{,}06 \cdot 10^9$

$40{,}6 \cdot 10^8$ = ____ = ____

____ = ____ = ____

____ = ____ = ____

7. Unsere Erde hat eine Masse von ca. $5{,}974 \cdot 10^{24}$ kg. Davon sind ca. $1{,}4 \cdot 10^{21}$ ℓ Wasser.
Gib den Anteil von Wasser in Prozent an.

Quadratwurzeln

1. Berechne möglichst ohne Taschenrechner.

a) $\sqrt{49}$ = ______ b) $\sqrt{81}$ = ______ c) $\sqrt{169}$ = ______ d) $\sqrt{225}$ = ______

e) $\sqrt{\frac{9}{100}}$ = ______ f) $\sqrt{\frac{25}{81}}$ = ______ g) $\sqrt{\frac{1}{4}}$ = ______ h) $\sqrt{\frac{49}{400}}$ = ______

2. Fülle die Lücken aus und rechne möglichst im Kopf.

a) $\sqrt{}$ = 8 b) $\sqrt{}$ = 10 c) $\sqrt{}$ = 12 d) $\sqrt{}$ = 20

e) $\sqrt{}$ = $\frac{1}{2}$ f) $\sqrt{}$ = $\frac{3}{8}$ g) $\sqrt{}$ = $\frac{2}{5}$ h) $\sqrt{}$ = $\frac{4}{11}$

3. Berechne mit dem Taschenrechner. Runde auf drei Stellen hinter dem Komma.

a) $\sqrt{15} \approx$ ______ b) $\sqrt{83{,}62} \approx$ ______ c) $\sqrt{500} \approx$ ______

d) $\sqrt{0{,}7} \approx$ ______ e) $\sqrt{200} \approx$ ______ f) $\sqrt{19{,}98} \approx$ ______

4. Zwischen welchen benachbarten natürlichen Zahlen liegt die Wurzel?

a) 3 $< \sqrt{15} <$ 4 b) ______ $< \sqrt{30} <$ ______

c) ______ $< \sqrt{20} <$ ______ d) ______ $< \sqrt{90} <$ ______

e) ______ $< \sqrt{120} <$ ______ f) ______ $< \sqrt{290} <$ ______

5. Gegeben ist der Flächeninhalt eines Quadrats. Berechne seinen Umfang.

a) $A = 36\ cm^2$

$a = \sqrt{36\ cm^2} = 6\ cm$

$u = 4a = 4 \cdot$ ______

Umfang: ______

b) $A = 81\ cm^2$

______

______

Umfang: ______

c) $A = 400\ cm^2$

______

______

Umfang: ______

6. Gegeben ist die Oberfläche eines Würfels. Berechne die Kantenlänge.

a) $O = 294\ cm^2$

$294\ cm^2 : 6 = 49\ cm^2$

$\sqrt{49\ cm^2}$ = ______

Kantenlänge: ______

b) $O = 96\ cm^2$

______

______

Kantenlänge: ______

c) $O = 600\ cm^2$

______

______

Kantenlänge: ______

7. Für seine 27 Schafe will Bauer Peter ein neues quadratisches Gehege mit 7 225 m^2 bauen. Eine Seite ist von einer Bergwand begrenzt. Bauer Peter muss pro Meter Zaun 7,95 € bezahlen und für ein 3 m breites Gatter 289 €. Berechne die Gesamtkosten.

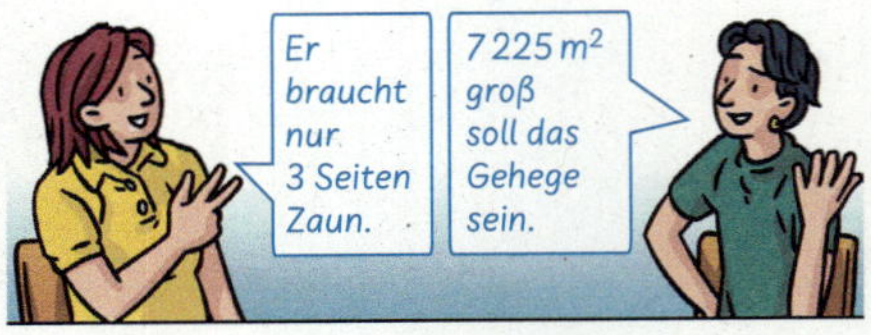

Kubikwurzeln

1. Berechne möglichst ohne Taschenrechner. Schreibe mit Begründung.

a) $\sqrt[3]{216} = 6$, denn $6^3 = 6 \cdot 6 \cdot 6 = 216$

b) $\sqrt[3]{1} =$ ______, denn ______

c) $\sqrt[3]{27} =$ ______, denn ______

d) $\sqrt[3]{125} =$ ______, denn ______

e) $\sqrt[3]{8} =$ ______, denn ______

f) $\sqrt[3]{1000} =$ ______, denn ______

2. Fülle die Lücken aus und rechne möglichst im Kopf.

a) $\sqrt[3]{\quad} = 4$ b) $\sqrt[3]{\quad} = 1$ c) $\sqrt[3]{\quad} = 10$ d) $\sqrt[3]{\quad} = 20$

e) $\sqrt[3]{\quad} = \frac{1}{2}$ f) $\sqrt[3]{\quad} = \frac{3}{4}$ g) $\sqrt[3]{\quad} = \frac{2}{5}$ h) $\sqrt[3]{\quad} = \frac{4}{7}$

3. Berechne mit dem Taschenrechner. Runde auf Hundertstel.

a) $\sqrt[3]{100} \approx$ ______ b) $\sqrt[3]{10} \approx$ ______ c) $\sqrt[3]{200} \approx$ ______

d) $\sqrt[3]{80} \approx$ ______ e) $\sqrt[3]{20{,}5} \approx$ ______ f) $\sqrt[3]{0{,}5} \approx$ ______

4. Zwischen welchen aufeinanderfolgenden Zahlen liegt die Wurzel. Überprüfe mit dem Taschenrechner.

a) $3 < \sqrt[3]{30} < 4$ b) ______ $< \sqrt[3]{10} <$ ______

c) ______ $< \sqrt[3]{100} <$ ______ d) ______ $< \sqrt[3]{65} <$ ______

e) ______ $< \sqrt[3]{20} <$ ______ f) ______ $< \sqrt[3]{130} <$ ______

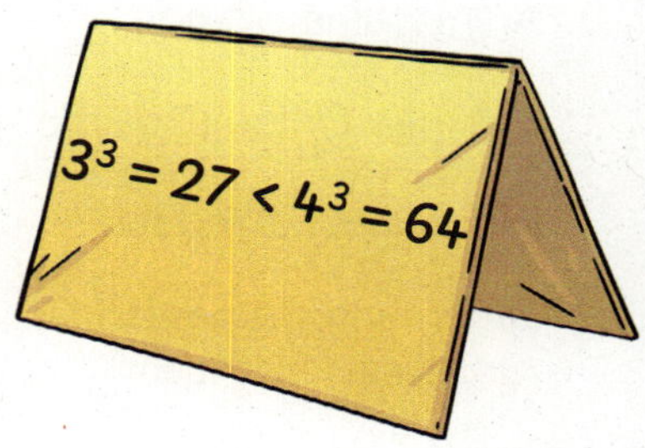

5. Eine der beiden Aussagen ist wahr. Prüfe durch Potenzieren und kreuze korrekt an.

a) $\sqrt[3]{10000} = 10$ w | f
$\sqrt[3]{1000} = 10$ w | f

b) $\sqrt[3]{8000} = 20$ w | f
$\sqrt[3]{800} = 20$ w | f

c) $\sqrt[3]{2744} = 14$ w | f
$\sqrt[3]{27744} = 14$ w | f

d) $\sqrt[3]{17{,}28} = 1{,}2$ w | f
$\sqrt[3]{1{,}728} = 1{,}2$ w | f

e) $\sqrt[3]{0{,}001} = 0{,}1$ w | f
$\sqrt[3]{0{,}003} = 0{,}1$ w | f

f) $\sqrt[3]{132{,}61} = 5{,}1$ w | f
$\sqrt[3]{132{,}651} = 5{,}1$ w | f

6. Gegeben ist das Volumen eines Würfels. Berechne die gesuchten Größen.

a) $V = 512\ cm^3$
a = ______
O = ______

b) $V = 1000\ cm^3$
a = ______
O = ______

c) $V = 2{,}197\ m^3$
a = ______
O = ______

a) $a = \sqrt[3]{512\ cm^3} = 8\ cm$

$O = 6 \cdot a^2 = 6 \cdot (8\ cm)^2$

$= 6 \cdot 64\ cm^2$

$=$ ______

1. Schreibe die Potenz als Produkt und berechne dieses.

a) 2^7 = ______________ = ______

b) 3^5 = ______________ = ______

c) 10^6 = ______________ = ______

d) $0{,}3^2$ = ______________ = ______

e) $(-4)^3$ = ______________ = ______

f) $(-9)^2$ = ______________ = ______

2. Schreibe als Zehnerpotenz.

a) 1000 = ______

b) 1 Mrd. = ______

c) 1 Bio. = ______

d) 10 Mio. = ______

e) 10000 = ______

f) 100 = ______

3. Schreibe als Dezimalzahl und als Zehnerpotenz.

a) $\frac{1}{100}$ = ______________

b) $\frac{1}{1\,000\,000}$ = ______________

c) $\frac{1}{1000}$ = ______________

d) $\frac{1}{1\,000\,000\,000}$ = ______________

e) $\frac{4}{1000}$ = ______________

f) $\frac{340}{100\,000}$ = ______________

4. Schreibe die Längen ausführlich mit Ziffern.

Erdradius	$6{,}378 \cdot 10^3$ km	
Atomdurchmesser	$1 \cdot 10^{-10}$ m	
Minimale Entfernung Erde – Mars	$5{,}6 \cdot 10^7$ km	
Dicke eines Mikrochips	$2 \cdot 10^{-5}$ m	
Entfernung, die das Licht in einem Jahr zurücklegt (1 Lichtjahr)	$9{,}461 \cdot 10^{12}$ km	

5. Schreibe die Zahl in der Standardschreibweise.

a) Die Lichtgeschwindigkeit beträgt 300 000 000 m/s. ______________

b) Die Weltbevölkerung umfasste beim Jahreswechsel 2020/21 rund 7,84 Milliarden Menschen.

____

c) Der Äquator ist ca. 40 000 000 m lang. ______________

d) Der Mensch besteht aus etwa 6 Billionen Zellen. ______________

6. Zwischen welchen natürlichen Zahlen liegt die Wurzel? Streichst du diese weg, so ergibt sich von oben nach unten gelesen ein Tiername.

a) $\sqrt{40}$	(S) 5	(U) 6	(D) 7
b) $\sqrt{90}$	(C) 8	(O) 9	(E) 10
c) $\sqrt{20}$	(L) 4	(B) 5	(H) 6
d) $\sqrt{120}$	(F) 10	(O) 11	(W) 12
e) $\sqrt{180}$	(A) 12	(P) 13	(I) 14
f) $\sqrt{290}$	(N) 16	(S) 17	(M) 18

Lösungswort: ______________

5 Satz des Pythagoras

1. Markiere in den Dreiecken den rechten Winkel und die längste Seite.

a) 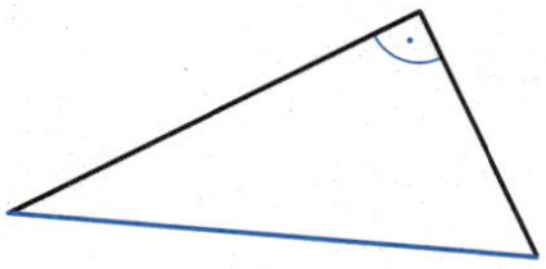

b) 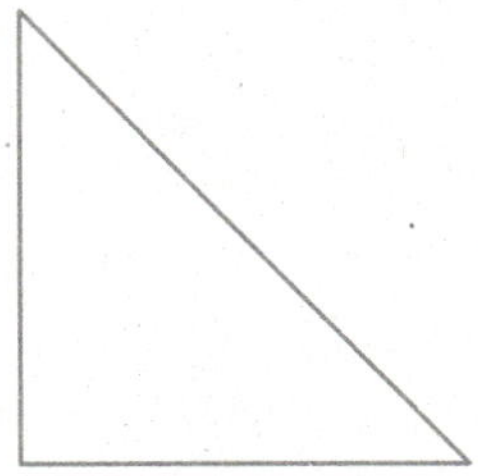

c) 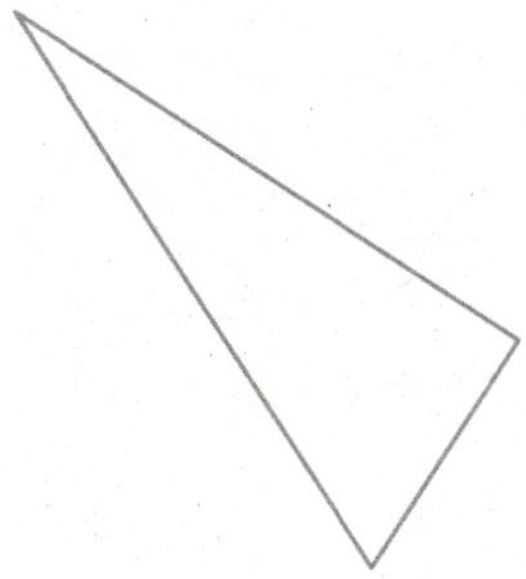

d) 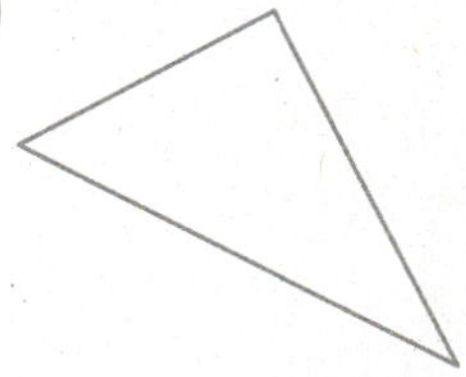

2. Ergänze die Sätze mit den Begriffen.

Hypotenuse | rechten | längste | Katheten

In jedem rechtwinkligen Dreieck liegt die ______________ Seite dem ______________ Winkel gegenüber. Sie heißt ______________________.

Die ______________________ schließen den rechten Winkel ein.

3. Markiere die Hypotenuse rot und die Katheten blau.

a) 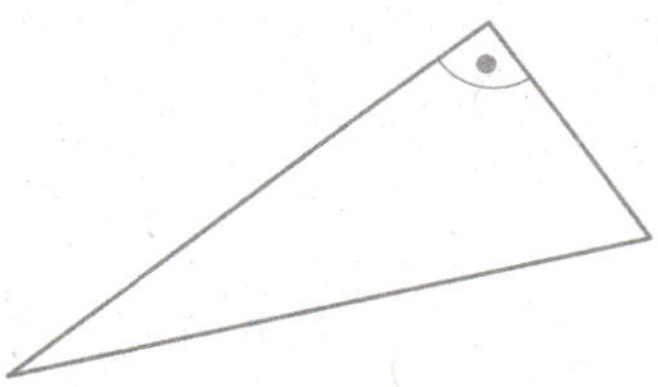

b) 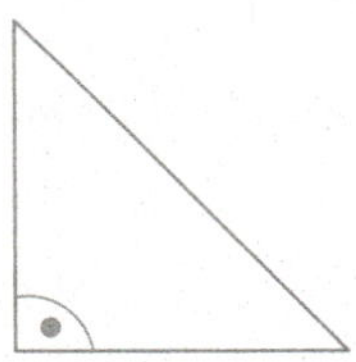

c) 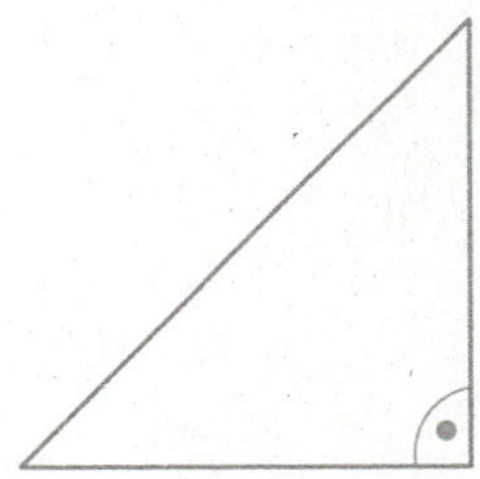

4. Hypotenuse oder Kathete? Beschrifte die Dreiecksseiten mit den Fachbegriffen.

a) 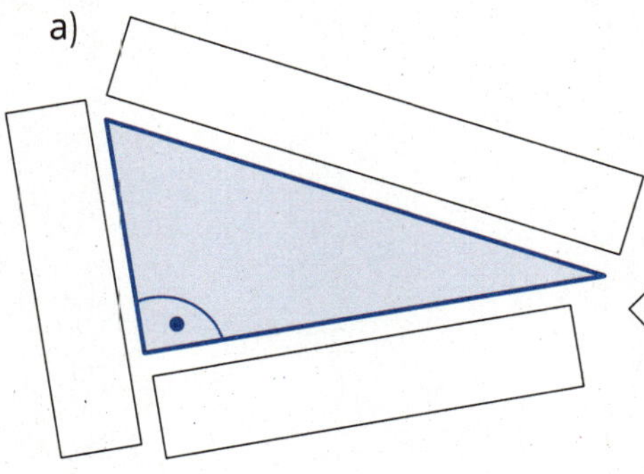

b) 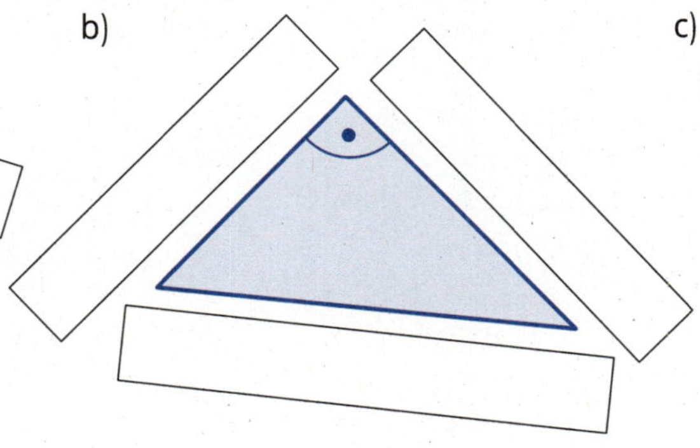

c) 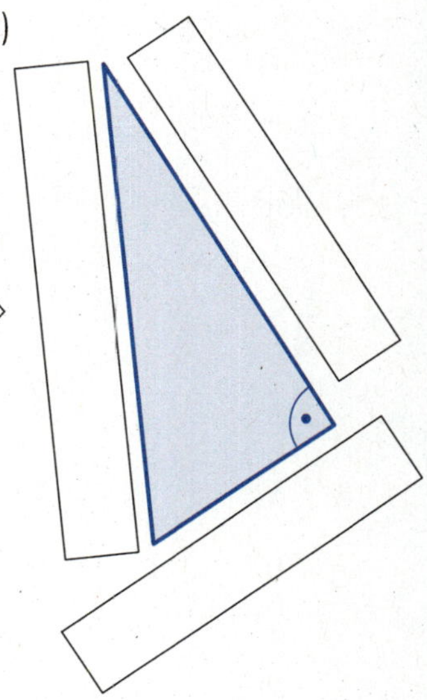

Satz des Pythagoras

1. Ergänze mit den folgende Begriffen den Satz des Pythagoras.

Katheten | Quadrate | rechtwinklige | Hypotenuse

Für jedes ______________ Dreieck gilt:

Die ______________ über den beiden

______________ sind zusammen so groß

wie das Quadrat über der ______________.

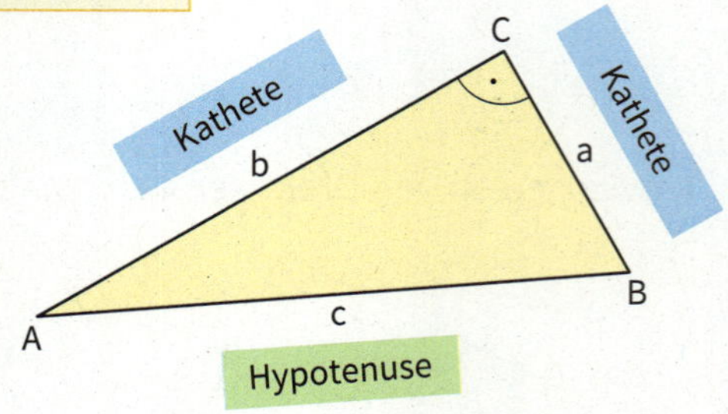

Wenn a, b die Katheten sind und c die Hypotenuse ist, gilt: $a^2 + b^2 =$ ______________

2. Schreibe eine Gleichung auf, die nach dem Satz des Pythagoras für das Dreieck gilt.

a) b) c) d)

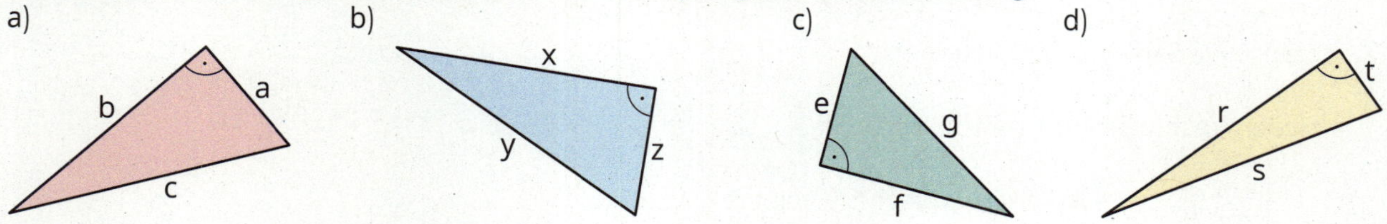

______________ ______________ ______________ ______________

3. Überprüfe mit dem Geodreieck, ob die Dreiecke rechtwinklig sind.
Wenn ja, markiere den rechten Winkel und schreibe für diese Dreiecke eine Gleichung nach dem Satz des Pythagoras auf.

a) b) c)

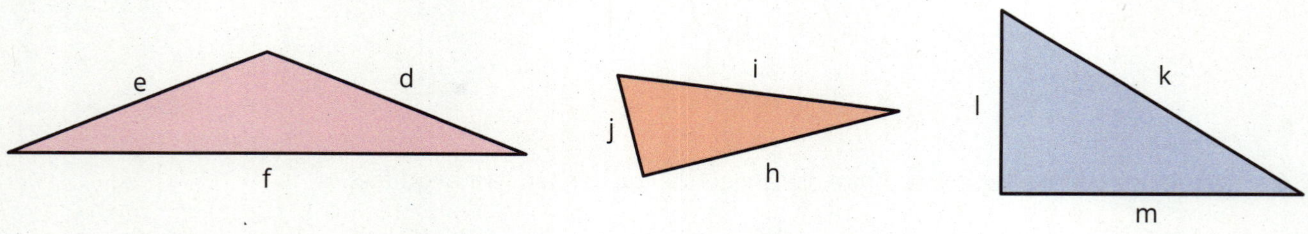

______________ ______________ ______________

4. Gib alle Gleichungen nach dem Satz des Pythagoras an.

① ______________

② ______________

③ ______________

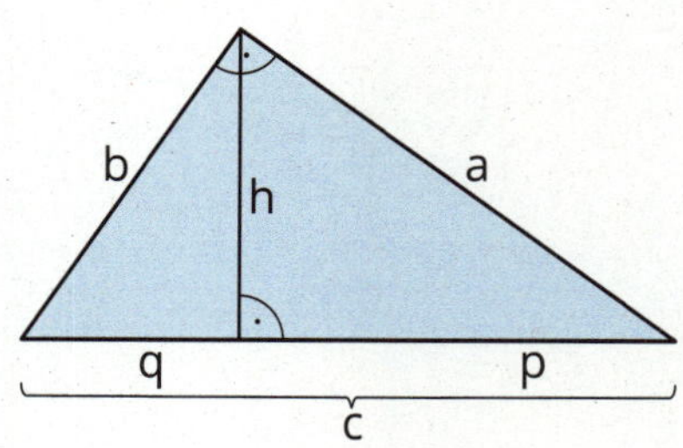

Berechnung der Hypotenuse

1. Berechne die Länge der Hypotenuse. Notiere deinen Rechenweg wie im Beispiel.

a) 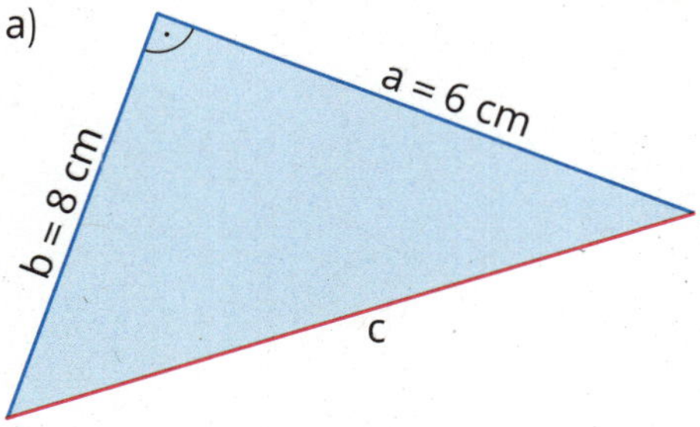

b) 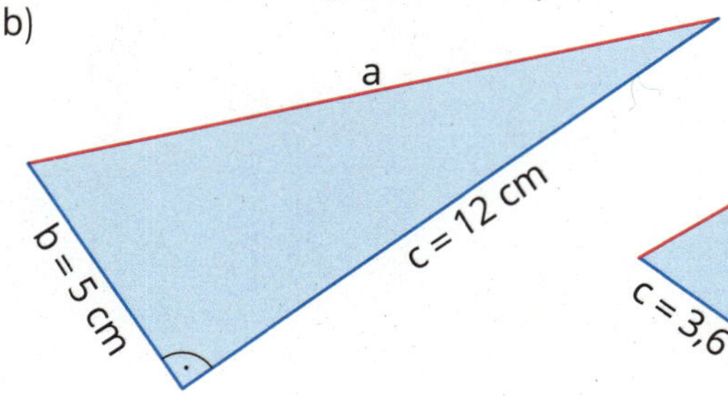

c) 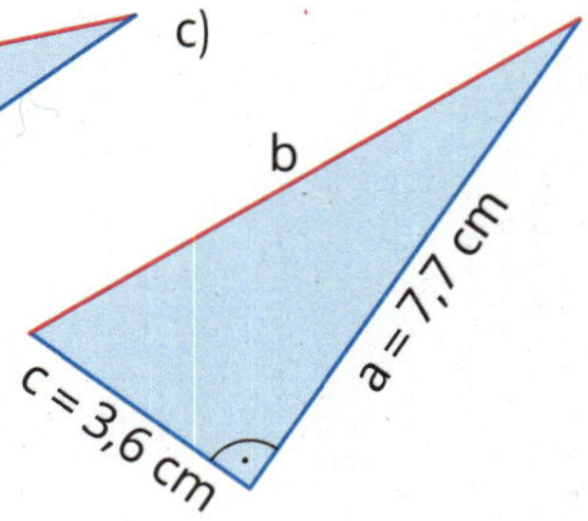

gegeben: *Kathete a = 6 cm*
Kathete b = 8 cm
gesucht: *Hypotenuse c = ?*

Rechenweg: $6^2 + 8^2 = c^2$
$36 + 64 = c^2$
$100 = c^2 \quad | \sqrt{}$
$\underline{\underline{10\ \text{cm}}} = c$

2. Von einem rechtwinkligen Dreieck sind folgende Werte gegeben: a = 9,5 cm; b = 13 cm; γ = 90°
a) Beschrifte die Planfigur. Markiere die Hypotenuse rot, die Katheten blau.
b) Berechne die Länge der Hypotenuse.

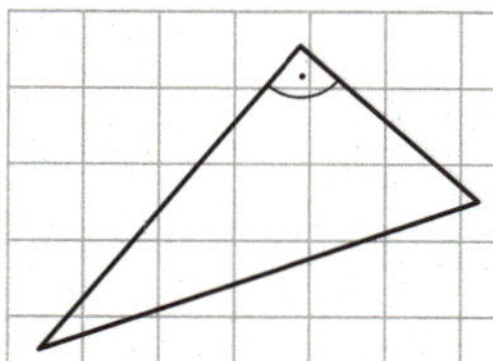

3. An einen Turm wird eine Leiter angelegt.
a) Beschrifte die Planfigur. Markiere die Leiter rot.
b) Berechne die Länge der Leiter.

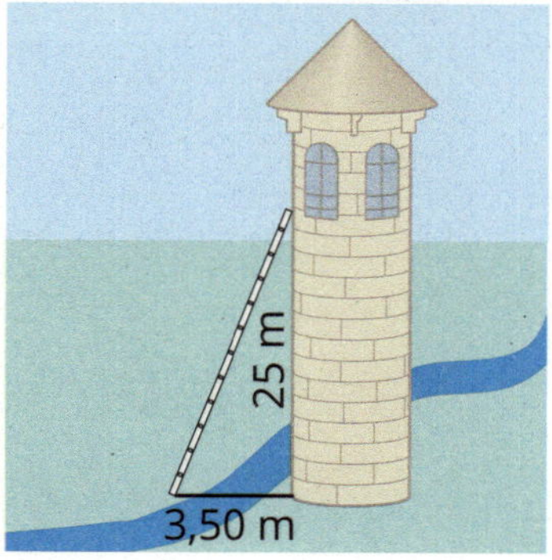

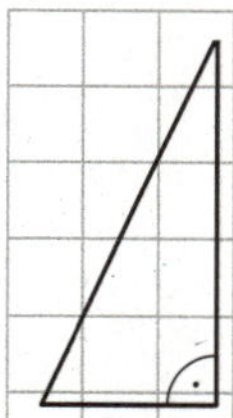

Antwort: ______________________________

4. Berechne die Länge der Bildschirmdiagonalen.

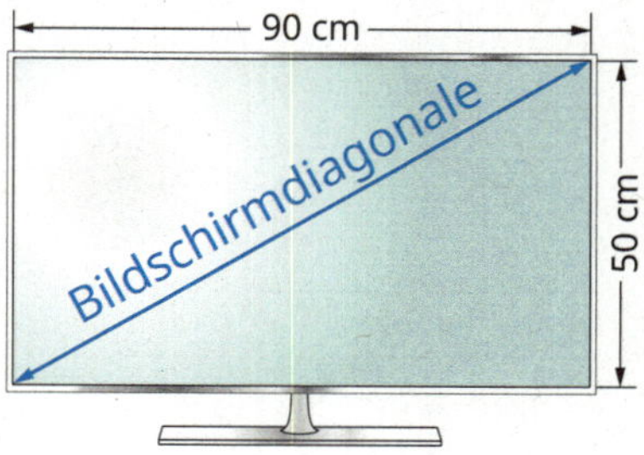

Antwort: ______________________________

Berechnung einer Kathete

1. Berechne die Länge der fehlenden Kathete. Notiere deinen Rechenweg wie im Beispiel.

a)

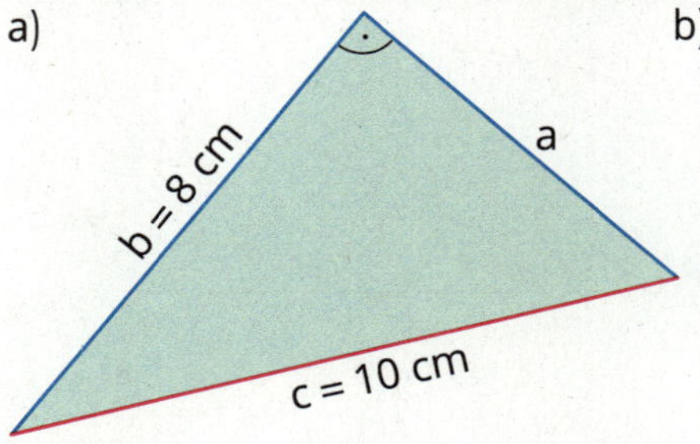

b)

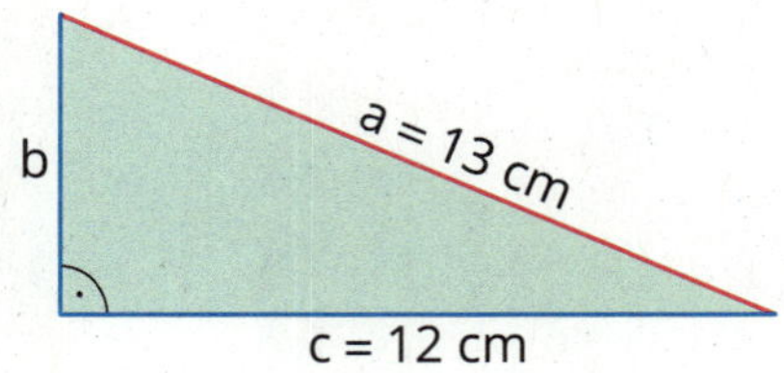

c)

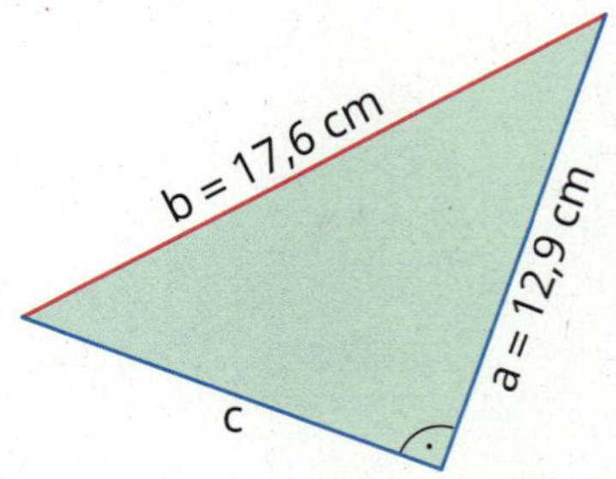

gegeben: *Kathete b = 8 cm*
Hypotenuse c = 10 cm
gesucht: *Kathete a = ?*

Rechenweg: $a^2 + 8^2 = 10^2$
$a^2 + 64 = 100 \quad | -64$
$a^2 = 36 \quad | \sqrt{}$
$a = \underline{6\ \text{cm}}$

2. Von einem rechtwinkligen Dreieck sind folgende Werte gegeben: b = 12,5 cm; c = 15,8 cm; $\gamma = 90°$
a) Beschrifte die Planfigur. Markiere die Hypotenuse rot, die Katheten blau.
b) Berechne die Länge der Kathete a.

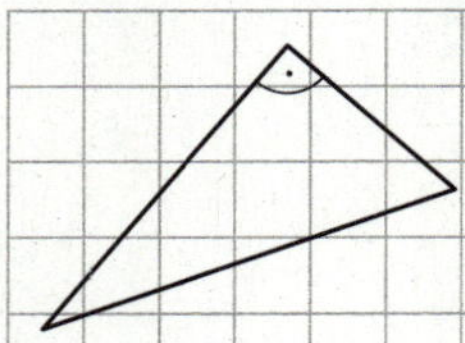

3. Ein Artist balanciert auf einem Drahtseil. Berechne die Höhe h des oberen Drahtseilendes.

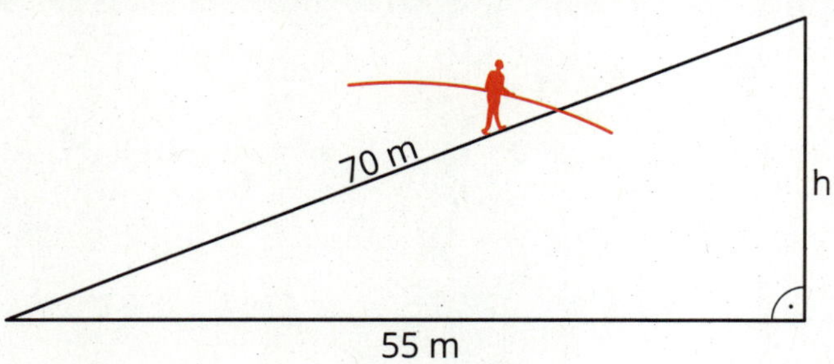

Antwort: ______________________________

____

4. Berechne die Höhe h des Giebels. Beschrifte zuerst die Planfigur.

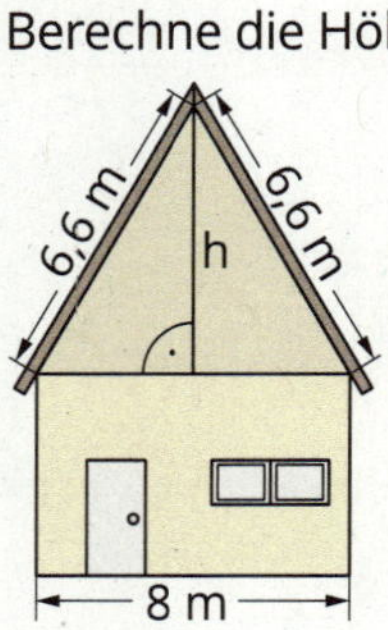

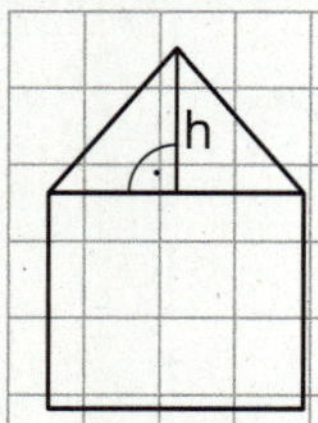

Antwort: ______________________________

Satz des Pythagoras in ebenen Figuren und Körpern

1. Berechne die Länge der Seite x. Runde auf zwei Stellen nach dem Komma.

a)

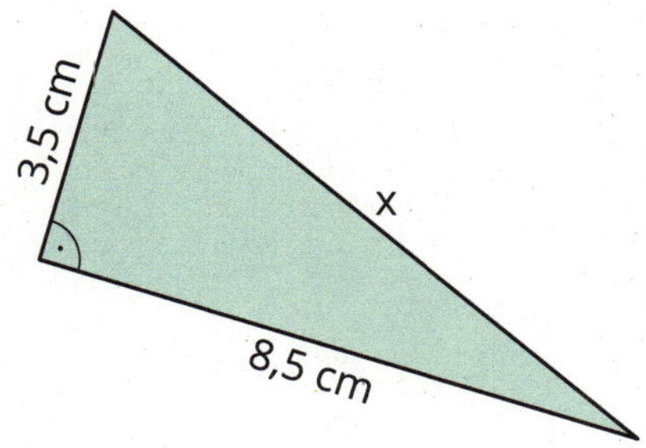

$x \approx$ ______ cm

b)

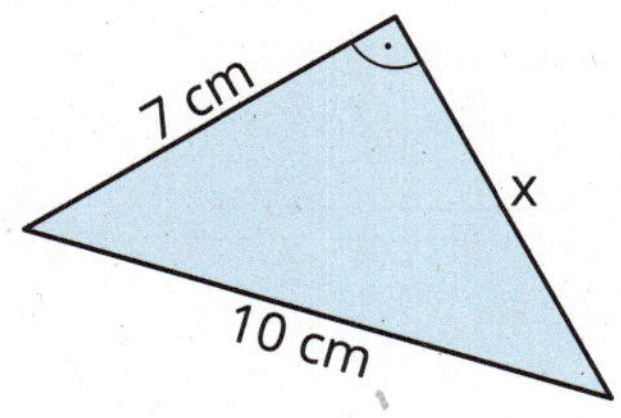

$x \approx$ ______ cm

2. Berechne die Länge der Diagonale f im Rechteck und im Quadrat.

a)

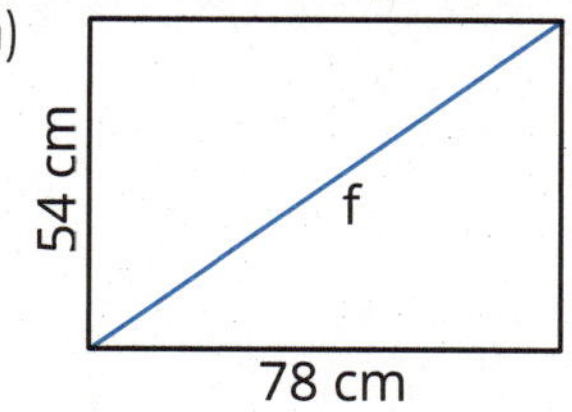

$f \approx$ ______ cm

b)

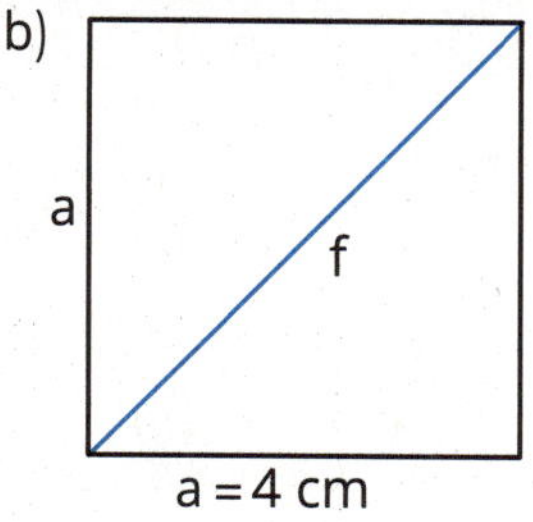

$f \approx$ ______ cm

3. Berechne die fehlende Größe.

a)

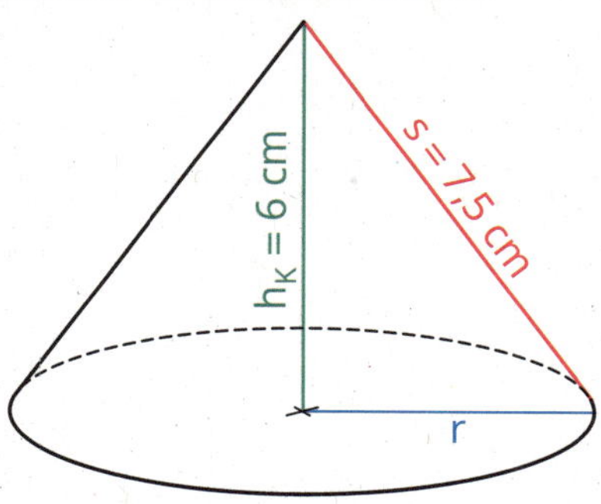

$r =$ ______

b)

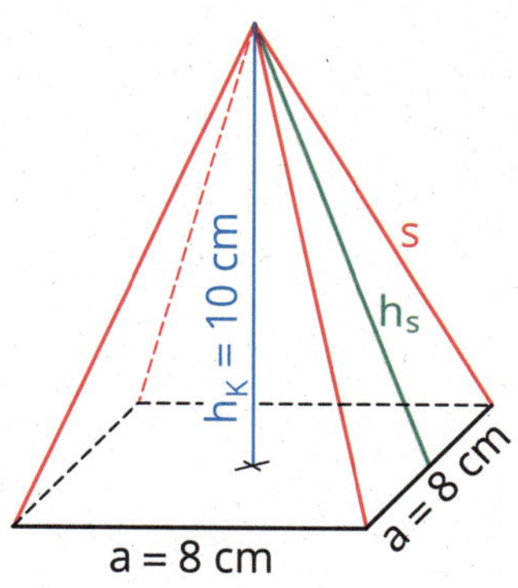

$h_s \approx$ ______

4. Berechne die Raumdiagonale e des Würfels.

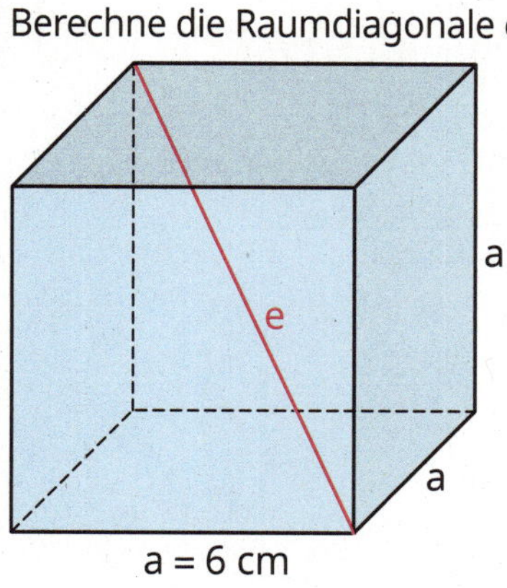

Berechne zuerst die Flächendiagonale.

$e \approx$ ______

Satz des Pythagoras in Anwendungsaufgaben

1. Berechne die Länge x der Skaterrampe. Übertrage zuerst die Werte in die Planfigur.

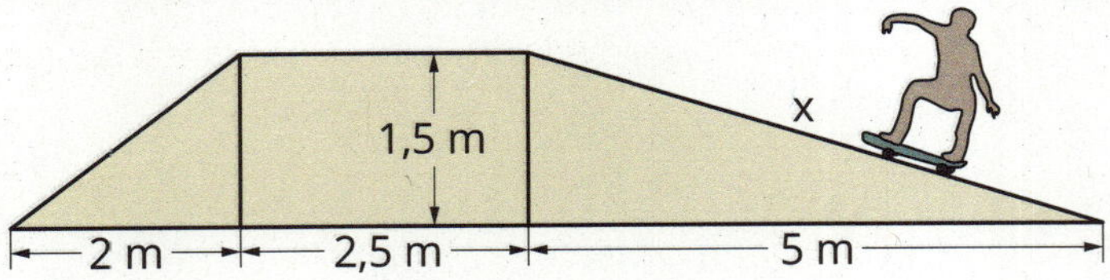

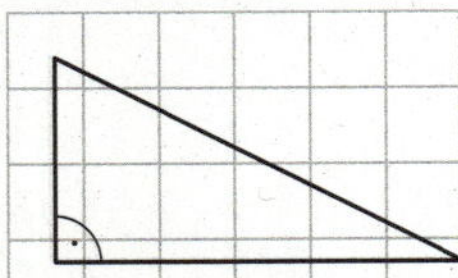

Antwort: ______________________________

____

2. Tino möchte ein 1,40 m langes Brett als Rampe auf die Treppe legen. Überprüfe rechnerisch, ob es ausreicht.

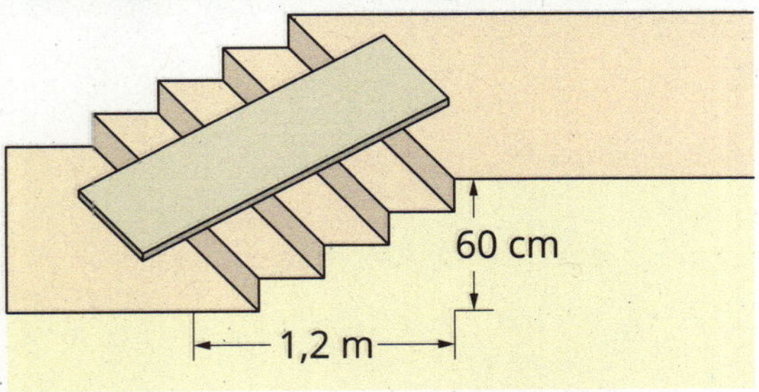

Antwort: ______________________________

____

3. Die Seitenkanten der Chephren-Pyramide haben eine Länge von 215 m.
Die Länge der Diagonale der quadratischen Grundfläche beträgt 320 m.
Übertrage zuerst die Werte in die Planfigur. Berechne dann die Höhe h_K der Chephren-Pyramide.

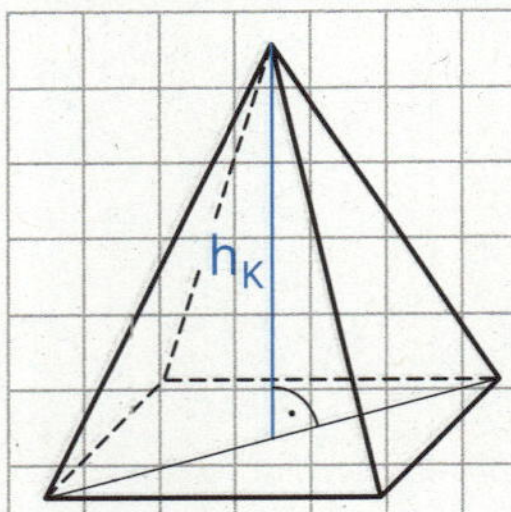

Antwort: *Die Chephren-Pyramide ist ungefähr* __________ *m hoch.*

4. Malik hat sein neues Bücherregal zusammengebaut. Kann er das Bücherregal aufstellen?
Erstelle eine Planfigur und berechne die Länge x.

Antwort: ______________________________

Umkehrung des Satzes des Pythagoras

1. Ergänze den Satz mit den Begriffen.

Hypotenusenquadrats | Summe der Flächeninhalte | rechtwinklig | Kathetenquadrate

Kehrsatz des Satzes des Pythagoras

Ist in einem Dreieck die ______________________ der ______________________

gleich dem Flächeninhalt des ______________________, dann ist das Dreieck ______________________.

2. Überprüfe mit Hilfe des Kehrsatzes, ob die Dreiecke rechtwinklig sind.

a)

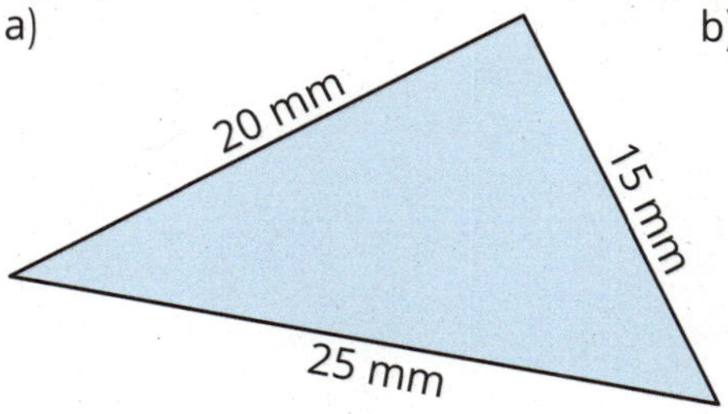

b)

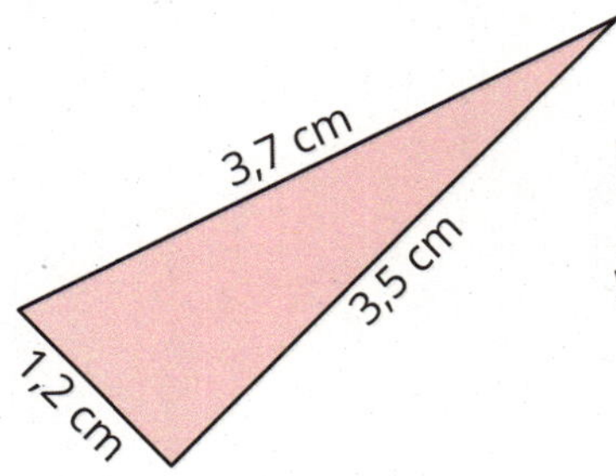

c)

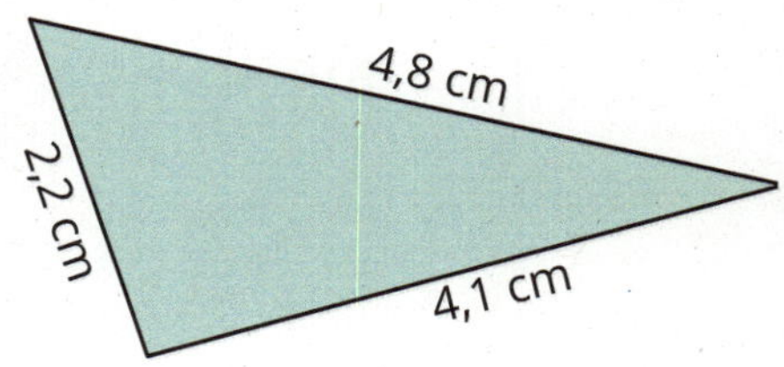

$15^2 + 20^2 \overset{?}{=} 25^2$

$225 + 400 \overset{?}{=} 625$

$625 = 625$

Das Dreieck ist rechtwinklig.

3. Gegeben sind ein spitzwinkliges und ein stumpfwinkliges Dreieck.
Miss die Seitenlängen, berechne die Quadrate und vergleiche die Summe aus $a^2 + b^2$ mit c^2.

①

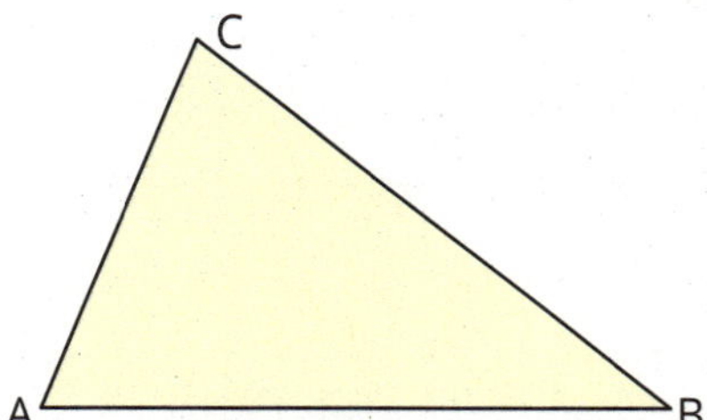

spitzwinkliges Dreieck

$a =$ ________ cm $a^2 =$ ________ cm^2

$b =$ ________ cm $b^2 =$ ________ cm^2

$c =$ ________ cm $c^2 =$ ________ cm^2

$a^2 + b^2 =$ ________ + ________ = ________

Vergleiche. Setze das Zeichen > oder < ein.

$a^2 + b^2$ ■ c^2

②

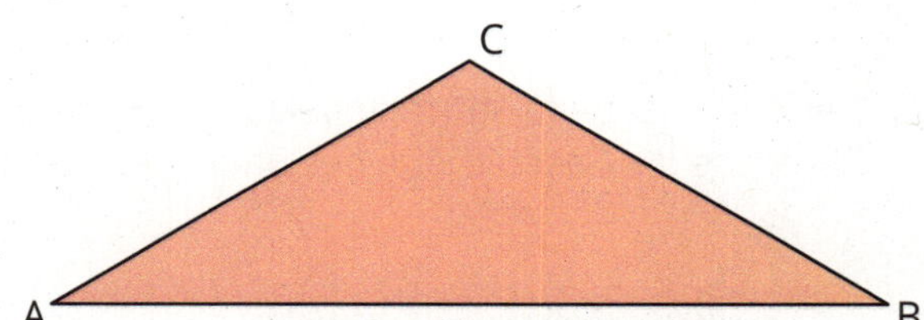

stumpfwinkliges Dreieck

$a =$ ________ cm $a^2 =$ ________ cm^2

$b =$ ________ cm $b^2 =$ ________ cm^2

$c =$ ________ cm $c^2 =$ ________ cm^2

$a^2 + b^2 =$ ________ + ________ = ________

Vergleiche. Setze das Zeichen > oder < ein.

$a^2 + b^2$ ■ c^2

4. Entscheide, ob das Dreieck rechtwinkling, stumpfwinklig oder spitzwinklig ist.

a) a = 5 cm
b = 7 cm
c = 10 cm

____

b) a = 8 m
b = 12 m
c = 9 m

____

1. Berechne die fehlende Seitenlänge des rechtwinkligen Dreiecks.

a)

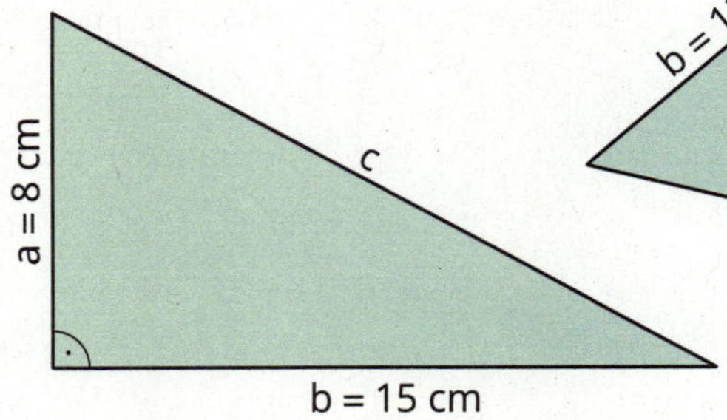

b)

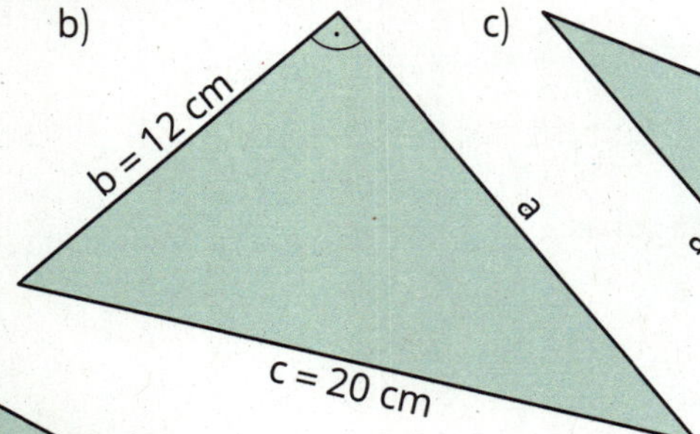

c)

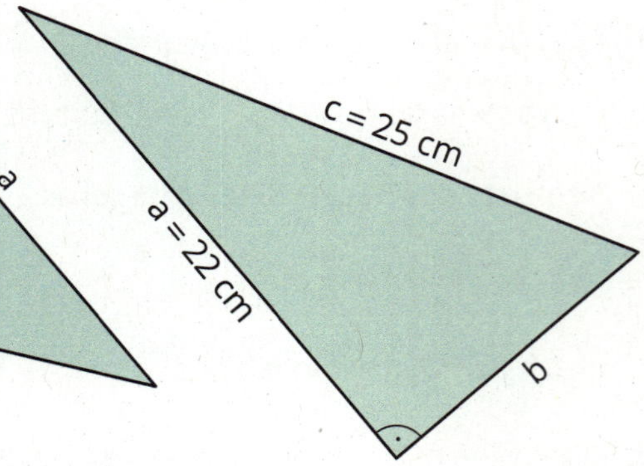

c = ______ a = ______ b ≈ ______

2. Kreuze die richtigen Aussagen an.

	wahr	falsch
Den Satz des Pythagoras darf man in allen Dreiecken anwenden.	☐	☐
Die Hypotenuse ist immer die längste Seite in einem rechtwinkligen Dreieck.	☐	☐
Die zwei Katheten sind zusammen immer so lang wie die Hypotenuse.	☐	☐
In einem rechtwinkligen Dreieck ist der größte Winkel der rechte Winkel.	☐	☐
Der Satz des Pythagoras gilt in allen rechtwinkligen Dreiecken.	☐	☐

3. Der Baum ist beim Sturm abgeknickt. Übertrage die gegebenen Werte in die Planfigur.
Berechne die Gesamthöhe des Baums vor dem Sturm.

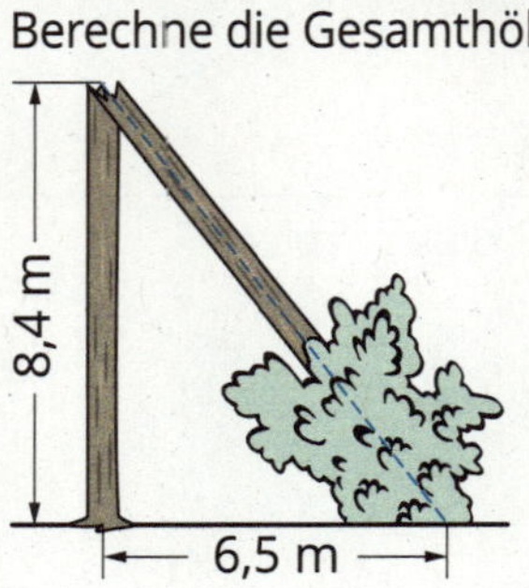

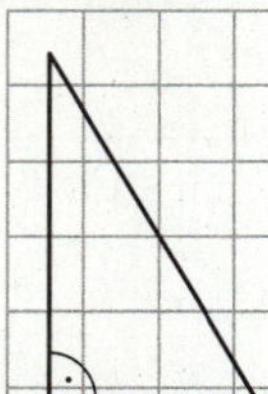

Antwort: ______

4. Die Dachsparren eines Wohnhauses müssen erneuert werden. Bestimme die Länge der Dachsparren.

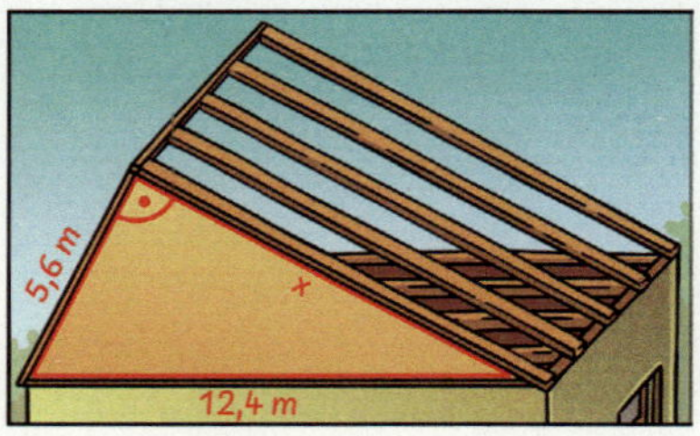

Planfigur

Antwort: *Die Dachsparren sind* ______ *m und* ______ *m lang.*

Prozent- und Zinsrechnung

6

1. Je drei Angaben gehören zusammen. Ordne sie einander zu.

~~10 %~~	33,$\overline{3}$ %	75 %	60 %
5 %	20 %	19 %	50 %
25 %	66,$\overline{6}$ %	45 %	16 %

0,25	~~0,1~~	0,45	0,5
0,$\overline{3}$	0,6	0,05	0,2
0,16	0,75	0,19	0,$\overline{6}$

$\frac{1}{2}$	~~$\frac{1}{10}$~~	$\frac{9}{20}$	$\frac{3}{4}$
$\frac{1}{3}$	$\frac{3}{5}$	$\frac{2}{3}$	$\frac{4}{25}$
$\frac{1}{20}$	$\frac{1}{5}$	$\frac{19}{100}$	$\frac{1}{4}$

10 % = 0,1 = $\frac{1}{10}$

2. Grundwert, Prozentwert oder Prozentsatz? Unterstreiche die Angaben im Text und kreuze darunter an, welche der Größen gegeben sind. Berechne dann die fehlende Größe.

a) Zur Schuldisco der Geschwister-Scholl-Schule kamen <u>173 Besucher</u>. Die Schule hat <u>865 Schüler</u>.

☒ G ☒ W ☐ p %

b) Der Schulhof der Schule besteht zu 27 % aus Rasenfläche. Das sind 675 m² Rasen.

☐ G ☐ W ☐ p %

c) Zum Schuljubiläum kamen 1 450 Besucher. 28 % von ihnen kauften ein Los bei der Tombola.

☐ G ☐ W ☐ p %

3. Nachricht vom Weltnudeltag am 25. Oktober:
„In Deutschland wurden im vergangenen Jahr insgesamt 524 000 Tonnen Teigwaren importiert." Aus Italien kamen davon rund 366 000 Tonnen. Auf Platz zwei der liefernden Länder liegt Belgien, das jedoch nur $\frac{1}{14}$ der Menge der Italiener liefert.
Wie viel Prozent der importierten Teigwaren kommt aus Italien bzw. aus Belgien?

Italien:
G = 524 000 t
W = 366 000 t

Antwort:

Prozentuale Erhöhung und Verminderung

1. Vervollständige die Tabelle.

Erhöhung + Verringerung –	+ 20 %	+ 35 %	+ 100 %	– 16 %	– 40 %				
Prozentfaktor	1,20					1,19	1,5	0,3	0,88

2. Verwende den richtigen Prozentfaktor und berechne den neuen Wert mit dem Taschenrechner.

a) Der Preis eines Motorrollers für 1 500,– € wurde um 20 % gesenkt.
b) Bisher besuchten 480 Schüler die Schule. Im neuen Jahr sind es 5 % mehr.
c) Der Energieverbrauch von bisher 3 500 kWh wurde um 8 % gesenkt.
d) Ein Handypreis von 198,– € verringert sich um 35 %.
e) Die Schülerfahrkarte kostete bisher 31,– €. Im neuen Jahr ist sie um 3 % teurer.
f) Ein Sportler kann sich bei der Anzahl seiner Liegestützen um 15 % steigern. Bislang schaffte er 40 Liegestützen.

0,92 · ~~0,8~~ · 1,2 · 0,95 · 1,35 · 1,15 · 1,8 · 1,03 · 1,05 · 0,65 · 0,35 · 1,5

Grundwert	Prozentfaktor	neuer Wert	Grundwert	Prozentfaktor	neuer Wert
a) 1 500,– €	0,8	1 200,– €	d)		
b)			e)		
c)			f)		

3.

Ein Sportgeschäft hat beim Ausverkauf die Preise gesenkt. Berechne mit Hilfe der Prozentfaktoren die reduzierten Preise des Sportgeschäftes.

4. Bestimme für die Aussage den passenden Prozentfaktor.

a) um ein Viertel verringert: $1 - \frac{1}{4} = \frac{3}{4} = 0{,}75$
b) um $\frac{1}{10}$ angestiegen: ____________
c) um 100 % vermehrt: ____________
d) um $\frac{2}{5}$ vermindert: ____________
e) um ein Fünftel erhöht: ____________
f) um die Hälfte günstiger: ____________
g) um ein Drittel gesenkt: ____________
h) um das Vierfache vergrößert: ____________

Rabatt und Skonto

1. Schreibe die Erklärungen zu den Begriffen Rabatt und Skonto auf. Bringe dafür die Wortkärtchen in die richtige Reihenfolge.

ist ein | der beim Kauf | Mengen | von großen | Preisnachlass, | oder beim | ~~Rabatt~~ | gewährt wird. | Ausverkauf

ist ein | bei Bezahlung | einer Frist. | Preisnachlass | ~~Skonto~~ | innerhalb | Meist | abgezogen. | 2 bis 3 Prozent | werden | vom Rechnungsbetrag

Rabatt ______________________________

____

Skonto ______________________________

____

2. Berechne die fehlenden Werte in der Tabelle mit dem Taschenrechner. Die Mehrwertsteuer wird mit MwSt. abgekürzt.

Alter Preis (inklusive MwSt.)	a) 240,– €	b) 99,– €	c) 349,– €	d) 12 000,– €	e) 299,– €	f)	g)
Rabatt	20 %	15 %	35 %				16 %
Prozentfaktor	0,8					0,9	
Reduzierter Preis				11 100,– €	233,22 €	3 600,– €	66,36 €

3. Die Pestalozzischule möchte für den Informatikunterricht 32 neue Tablets anschaffen. Sie erhält für ihr Wunschmodell folgende Angebote. Für welchen Anbieter soll sie sich entscheiden?

Anbieter Clever:
Bei Abnahme von 30 Stück à 179,00 € (ohne MwSt.) geben wir 15 % Schulrabatt und 2 % Skonto (Zahlung innerhalb von zwei Wochen). Außerdem gibt es pro 30 Exemplare ein Freigerät.

Anbieter Smart:
Ab einer Bestellmenge von 30 Stück gibt es unseren Schulspezialpreis von 149,90 € pro Stück (ohne MwSt.). Bei Zahlung innerhalb von 14 Tagen gewähren wir 3 % Skonto.

Clever:	Anfangspreis	MwSt.	Rabatt	Skonto	Endpreis
	179,00 €	→ $\cdot 1{,}19$	→	→	

Brutto- und Nettolohn

1. a) Berechne, wie viel Euro Gülcan, Robert und Lara im 1. Ausbildungsjahr netto verdienen.

	Brutto-Ausbildungsvergütung		
	Erzieher*in	Krankenpfleger*in	Lokführer*in
1. Ausbildungsjahr	1 100 €	900 €	800 €
2. Ausbildungsjahr	1 200 €	1 100 €	1 000 €
3. Ausbildungsjahr	1 300 €	1 300 €	1 100 €

Lohnsteuer 2020 in Steuerklasse 1	
Bruttolohn	Lohnsteuer
800 €	0,00 €
900 €	0,00 €
1 000 €	0,00 €
1 100 €	2,66 €
1 200 €	14,91 €
1 300 €	28,66 €

Sozialabgaben sind Beiträge für die Renten-, Kranken-, Pflege-, Arbeitslosen- und Unfallversicherung. Das sind zurzeit (2020) **ungefähr 20 % der Ausbildungsvergütung**. Dir wird auf dein Bankkonto von deinem Ausbildungsbetrieb der sogenannte Netto-Betrag überwiesen: Brutto-Ausbildungsvergütung minus die etwa 20 % Sozialabgaben minus der Lohnsteuer.

Gülcan: *Robert:* *Lara:*

G = 1 100 €

p % = 100 % − 20 % = 80 % = 0,8

W = 1 100€ · 0,8 = 880 €

Lohnsteuer: 2,66 €

Nettobetrag: 877,34 €

b) Wie hoch sind die Sozialabgaben im ersten Ausbildungsjahr bei Lara?

c) Bestimme Roberts Netto-Ausbildungsvergütung im dritten Ausbildungsjahr.

2. Laras Mutter arbeitet seit mehr als 15 Jahren als Krankenpflegerin. Ihr Nettolohn beträgt nach 38 % Abzügen (Steuern und Sozialabgaben) 1 896,50 €. Berechne ihren Bruttolohn.

W = 1 896,50 €
p % = 100 % − 38 % =

Zinsen

1. Drei Angaben aus den Feldern Kapital, Zinssatz und Zinsen gehören zueinander.

Kapital	Zinssatz	Zinsen
700 €	1 %	7 €

Kapital
5000 € ~~700 €~~
4000 € 1000 €
80000 € 10000 €

Zinssatz
4 % 5 %
2,5 % 10 %
19 % ~~1 %~~

Zinsen
~~7 €~~ 40 € 200 €
1900 €
2000 € 500 €

2. Kapital, Zinsen oder Zinssatz? Unterstreiche die Angaben im Text und kreuze darunter an, welche der Größen gegeben sind. Berechne dann die fehlende Größe.

a) Manuel hat in den Ferien gearbeitet und legt bei seiner Bank 500 € für ein Jahr zu 2,25 % an.

☒ K ☐ Z ☒ p %

b) Für einen Kredit zahlt Familie Rägle 2750 € Zinsen pro Jahr. Der Zinssatz beträgt 5,5 %.

☐ K ☐ Z ☐ p %

c) Bei einem Überziehungskredit der „Hai-Bank" werden für 1500 € überzogenes Kapital pro Jahr 236,25 € Zinsen fällig.

☐ K ☐ Z ☐ p %

3. Rechne zuerst den Überschlag im Kopf und nutze dann den Taschenrechner. Vergleiche die Ergebnisse.

Kapital	a) **Überschlag** 700,00 €	**Rechnung** 685,50 €	b) **Überschlag** 4000,– €	**Rechnung** 4500,– €	c) **Überschlag** 1000,– €	**Rechnung** 985,– €
Zinssatz	2 %	2,1 %	1 %	0,9 %	5 %	4,5 %
Jahreszinsen						
Kapital nach 1 Jahr						

Monats- und Tageszinsen

1. Bestimme zuerst die Jahreszinsen und berechne dann die Zinsen für den jeweiligen Zeitraum. Schaffst du es im Kopf?

	Jahreszinsen	**Zinsen im Zeitraum**
a) Kapital: 2000 €; Zinssatz: 2 %; Zeitraum: ein halbes Jahr		
b) Kapital: 3000 €; Zinssatz 4 %; Zeitraum: ein Vierteljahr		
c) Kapital: 1 000 €; Zinssatz: 2,4 %; Zeitraum: 6 Monate		
d) Kapital: 500 €; Zinssatz: 8 %; Zeitraum: 9 Monate		
e) Kapital: 10 000 €; Zinssatz: 3 %; Zeitraum: 8 Monate		

2. Berechne und ergänze die fehlenden Werte.
Runde auf zwei Stellen nach dem Komma.

	a)	b)	c)	d)
Kapital	5400,– €	2199,– €	8000,– €	1500,– €
Zinssatz	4 %	3,5 %	3 %	2 %
Monate (m)	8	5	4	5
Zinsen				

3. Berechne und ergänze die fehlenden Werte. Runde auf zwei Stellen nach dem Komma.

	a)	b)	c)	d)
Kapital	120000,– €	4321,43 €	6000,– €	1200,– €
Zinssatz	5 %	2,25 %	3 %	2 %
Tage (t)	170	35	100	250
Zinsen				

Prozent- und Zinsrechnung im Alltag

1. Gib zum Sachtext zuerst den Prozentfaktor an, berechne dann den gesuchten Wert in einem Schritt.

a) Von den 70 kg Kartoffeln, die Herr Ödemir im Großmarkt kaufte, konnte er 15 % nicht auf dem Wochenmarkt verkaufen.

Prozentfaktor: ______ Herr Ödemir verkaufte ______ kg Kartoffeln.

b) Der Verbrauch an Heizöl in einem Haus stieg im letzten Jahr von 2570 Liter um 14 %.

Prozentfaktor: ______ Der Heizölverbrauch stieg auf ______ Liter.

c) In Neustadt stieg die Einwohnerzahl zwischen 1990 und 2010 von 750 000 um ein Viertel.

Prozentfaktor: ______ Einwohnerzahl in 2010: ______

2. Bestimme den ursprünglichen Preis des Skateboards.

3. Durch die Reparaturkosten für einen Wasserschaden rutscht Frau Mindt mit ihrem Konto 10 Tage lang mit 2 250,50 € ins Minus. Dafür fällt ein Zinssatz von 7,5 % an.
Wie viel Zinsen muss sie zahlen?

4. Der Preis einer 200,– € teuren Winterjacke wird im Frühling um 10 % herabgesetzt. Im Herbst wird der neue Preis um 10 % erhöht. Wie teuer ist die Jacke nun?

1. Rechne die Prozentaufgaben im Kopf.

a) 10 % von 80 km sind ______ b) 2 % von 400 ℓ sind ______ c) 1 % von 50 € sind ______

d) 25 % von 30 kg sind ______ e) 75 % von 120 € sind ______ f) 12,5 % von 160 m sind ______

g) 2,5 t sind 10 % von ______ h) 67,50 € sind 50 % von ______ i) 5 km sind 20 % von ______

2. Im Jahr 2019 schlossen 187 392 Frauen und 325 917 Männer einen Ausbildungsvertrag ab. Rechts siehst du eine Liste der fünf am stärksten besetzten Ausbildungsberufe.

a) Berechne den prozentualen Anteil der von Frauen und der von Männern abgeschlossenen Ausbildungsverträge an den Verträgen insgesamt.

b) Welchen Anteil an den insgesamt abgeschlossenen Ausbildungsverträgen hatten jeweils die Verträge der fünf am stärksten besetzten Ausbildungsberufe?

Neu abgeschlossene Ausbildungsverträge 2019 in den fünf am stärksten besetzten Ausbildungsberufen.

Neu abgeschlossene Ausbildungsverträge insgesamt	
Kaufmann/Kauffrau im Einzelhandel	26 109
Kaufmann/Kauffrau für Büromanagement	26 061
Kraftfahrzeugmechatroniker/-in	22 113
Verkäufer/-in	21 360
Industriekaufmann/-kauffrau	16 900
Zusammen (1–5)	112 543
Insgesamt	513 309

Zahlen nach www.destatis.de

3. Ein Existenzgründerportal bietet auf seiner Website folgendes Schema zur Preiskalkulation an. Kalkuliere mit Hilfe des abgebildeten Schemas den Verkaufspreis für ein Produkt mit dem Listenpreis des Herstellers von 435,00 €.

Kalkulieren Sie, zu welchem Preis Sie Ihre Waren weiter verkaufen müssen.			
		Beispiel	
Listenpreis des Herstellers (für ein Produkt)		78,75 €	435,00 €
–	Rabatt (20 %) beim Einkauf	15,75 €	
=	Zieleinkaufspreis	63,00 €	
–	Skonto (2 % beim Einkauf)	1,26 €	
=	Einkaufspreis des Händlers	61,74 €	
+	Handlungskosten (35 %, z. B. für Einkaufen, Verpacken, Verwaltung etc.)	23,77 €	
=	Selbstkosten	91,68 €	
+	Gewinn-/Kalkulationsaufschlag (10 %)	9,17 €	
=	Verkaufspreis netto	100,85 €	
+	Umsatzsteuer 19 %	19,16 €	
=	Verkaufspreis brutto	120,01 €	

Kreis und Zylinder

7

1. Ordne die vorgegebenen Kreis-Begriffe richtig zu.

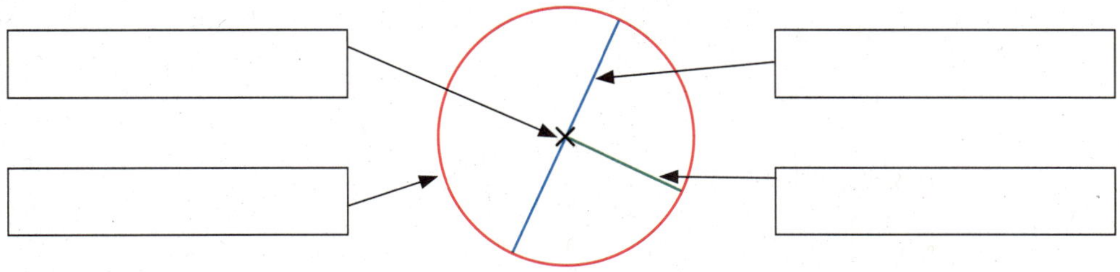

Radius
Durchmesser
Mittelpunkt
Umfang

2. Berechne den Durchmesser, den Umfang und den Flächeninhalt des Kreises.

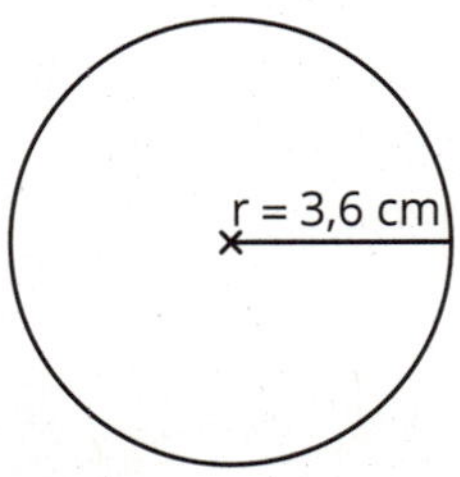

$d = 2 \cdot r$ $\quad$ $u = 2 \cdot \pi \cdot r$ $\quad$ $A = \pi \cdot r^2$

d = ____________ $\quad$ u = ____________ $\quad$ A = ____________

d = ____________ $\quad$ u ≈ ____________ $\quad$ A ≈ ____________

3. Ein Kreis hat den Radius r = 2 cm. Ein anderer Kreis hat einen dreimal so großen Radius.

a) Berechne von beiden Kreisen Umfang und Flächeninhalt und runde die Ergebnisse auf zwei Stellen nach dem Komma.

Kleiner Kreis: u ≈ ____________ $\quad$ Großer Kreis: u ≈ ____________

A ≈ ____________ $\quad$ A ≈ ____________

b) Ergänze zu einer richtigen Aussage.

Der Umfang vom größeren Kreis ist ____________ so groß wie der vom kleineren Kreis.

Der Flächeninhalt vom größeren Kreis ist ____________ so groß wie der vom kleineren Kreis.

4. Berechne für $\pi \approx 3,14$ den Umfang des Kreises im Kopf.

a) d = 1 cm $\quad$ b) d = 100 m $\quad$ c) r = 5 cm

u ≈ ____________ $\quad$ u ≈ ____________ $\quad$ u ≈ ____________

Umfang des Kreises

1. Zeichne den Radius ein und miss seine Länge. Berechne dann den Umfang des Kreises.

a)

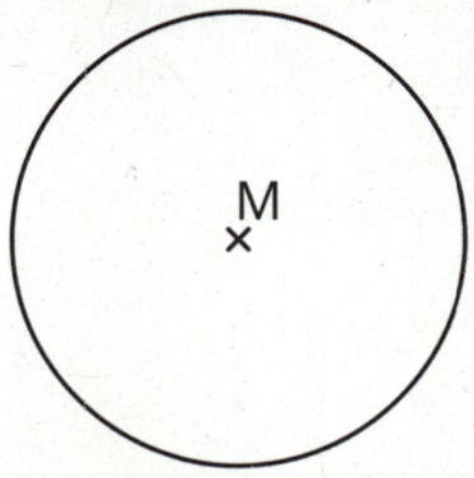

$r =$ ______

$u =$ *$2 \cdot \pi \cdot r$*

$u =$ ______

$u \approx$ ______

b)

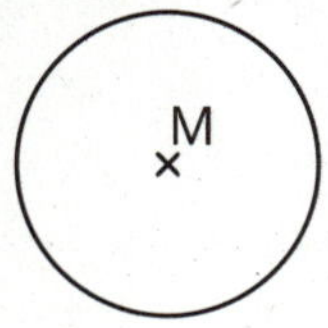

$r =$ ______

$u =$ *$2 \cdot \pi \cdot r$*

$u =$ ______

$u \approx$ ______

c)

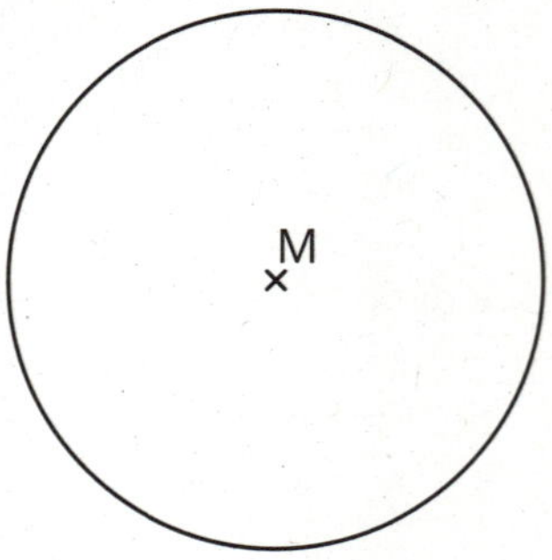

$r =$ ______

$u =$ *$2 \cdot \pi \cdot r$*

$u =$ ______

$u \approx$ ______

2. Ordne den kreisrunden Gegenständen den richtigen Durchmesser zu und berechne dann den Umfang.

d = 26 mm	d = 60 cm	d = 9,15 m	~~d = 12 cm~~

d = *12 cm*

r = 6 cm

u =

d = ______

d = ______

d = ______

3. Ein Fahrradreifen hat einen Umfang von 2,23 m. Schätze den Durchmesser und berechne dann.

Flächeninhalt des Kreises

1. Berechne den Flächeninhalt A des Kreises.

a)

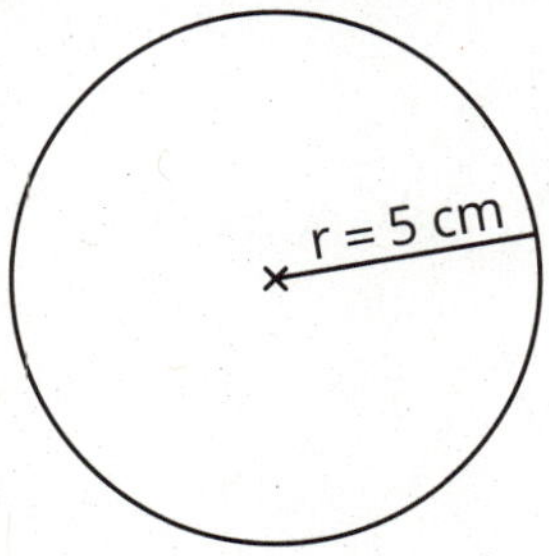

$A = \pi \cdot r^2$

$A = \pi \cdot (5\ cm)^2$

$A \approx$ ______

b)

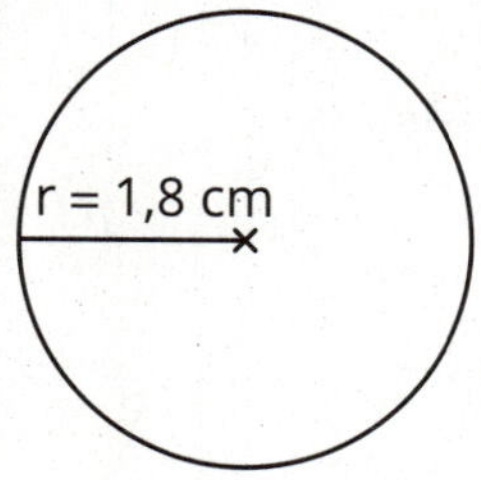

$A = \pi r^2$

A = ______

$A \approx$ ______

c)

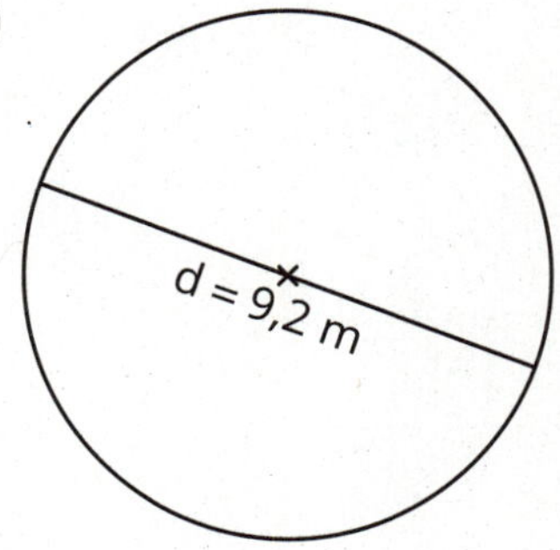

r = ______

A = ______

A = ______

$A \approx$ ______

2. Hier war der Fehlerteufel am Werk. Finde den Fehler und rechne richtig.

a) Gegeben ist ein Kreis mit r = 7 cm.
Berechne den Flächeninhalt.

$A = \pi \cdot 7\ cm^2$

$A = 21{,}99\ cm^2$

b) Ein Kreis hat einen Durchmesser von 12 cm.
Berechne den Flächeninhalt.

$A = \pi \cdot (12\ cm)^2$

$A = 452{,}38\ cm^2$

3. Der Flächeninhalt eines Kreises ist gegeben. Gesucht wird der Radius des Kreises.
Rechne wie im Beispiel.

a) $A = 73{,}9\ cm^2$ b) $A = 28{,}4\ cm^2$ c) $A = 6{,}52\ m^2$

a) $A = 73{,}9\ cm^2$

$A = \pi r^2$

$73{,}9 = \pi r^2 \quad | : \pi$

$23{,}52 = r^2 \quad | \sqrt{}$

$r \approx 4{,}85\ cm$

b) $A = 28{,}4\ cm^2$

c) $A = 6{,}52\ cm^2$

Kreisring

1. Berechne den Flächeninhalt des Kreisringes mit dem äußeren Radius r_1 und dem inneren Radius r_2.

a)

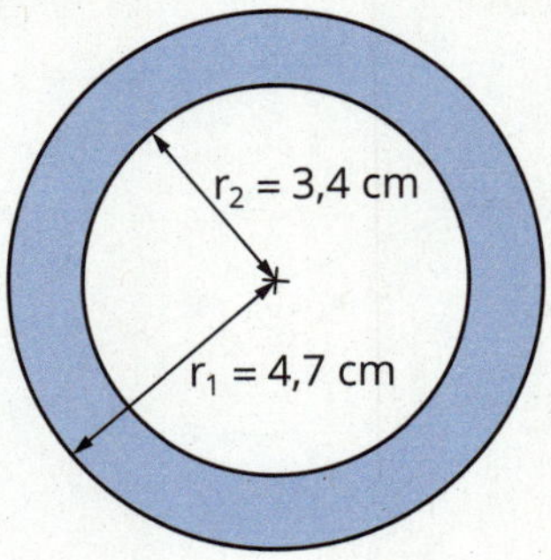

$A = \pi r_1^2 - \pi r_2^2$
$A = \pi \cdot 4{,}7^2 - \pi \cdot 3{,}4^2$
$A \approx$ ______ cm^2

b)

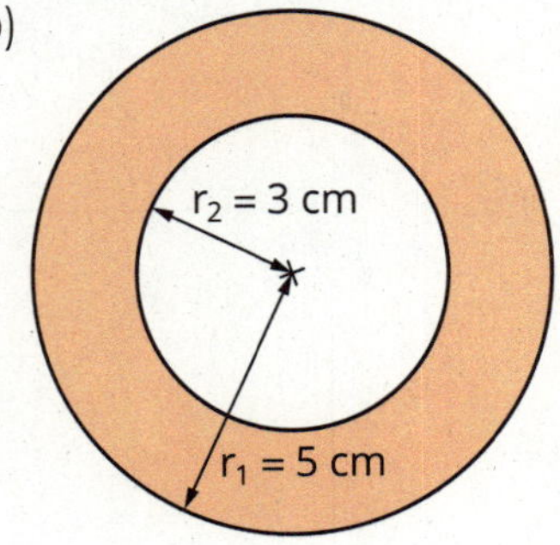

$A = \pi r_1^2 - \pi r_2^2$
$A =$ ______
$A \approx$ ______ cm^2

2. Ein heißer Sommer hat dem Grünstreifen um den kreisförmigen Schlossgartenteich geschadet. Im Frühjahr muss er neu angelegt werden. Der Streifen ist 6,20 m breit. Der Teich hat einen Durchmesser von 60 m.

a) Die Gärtner benötigen 40 g Rasensamen pro m². Wie viel kg Rasensamen werden benötigt?

b) Wie viele Kürbisse müssen die Gärtner besorgen, wenn innen etwa alle 50 cm ein Kürbis liegt?

a) $r_2 = 30\ m$
$r_1 = 30\ m + 6{,}20\ m$
$r_1 =$
$A = \pi r_1^2 - \pi r_2^2$
$A =$
$A \approx$

3. Berechne die fehlenden Angaben für den Kreisring.

	r_1	r_2	A
a)	2,7 cm	1,3 cm	
b)	3,7 m	2,9 m	
c)		6,1 mm	62,8 mm²

a)

b)

c) $A = \pi r_1^2 - \pi r_2^2$
$62{,}8 = \pi r_1^2 - \pi \cdot 6{,}1^2$

Kreisausschnitt

1. Berechne den Flächeninhalt des Kreisausschnitts. Der Radius r beträgt jeweils 5,5 cm.

a)

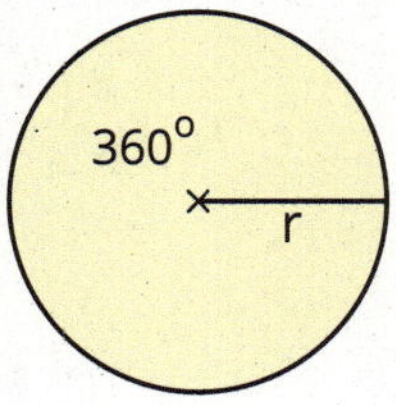

$A = \pi r^2$

$A = \pi \cdot 5{,}5^2$

$A \approx 95{,}03\ cm^2$

b)

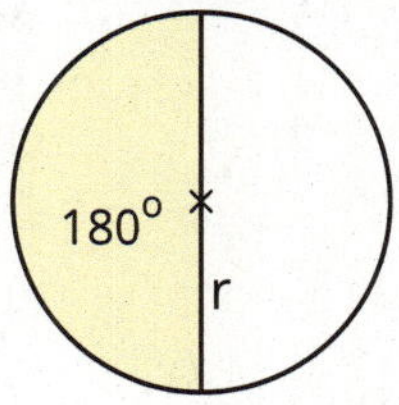

A = ______

A = ______

A ≈ ______

c)

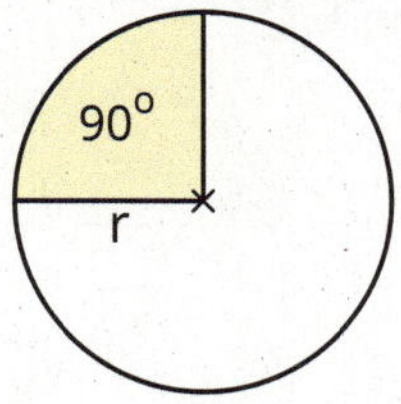

A = ______

A = ______

A ≈ ______

d)

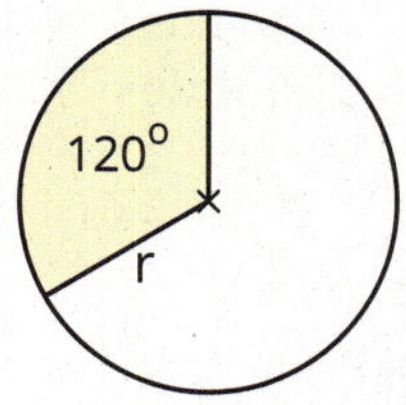

A = ______

A = ______

A ≈ ______

2. Berechne den Flächeninhalt A und die Bogenlänge b des Kreisausschnitts.

a)

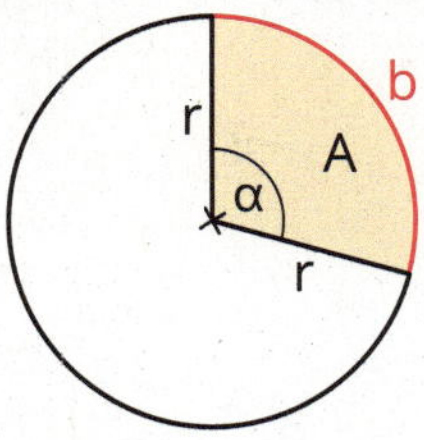

r = 4,8 m

α = 110°

$A = \pi r^2 \cdot \frac{\alpha}{360°}$

$A = \pi \cdot 4{,}8^2 \cdot \frac{110°}{360°}$

A ≈ ______

$b = 2\pi r \cdot \frac{\alpha}{360°}$

b = ______

b ≈ ______

b)

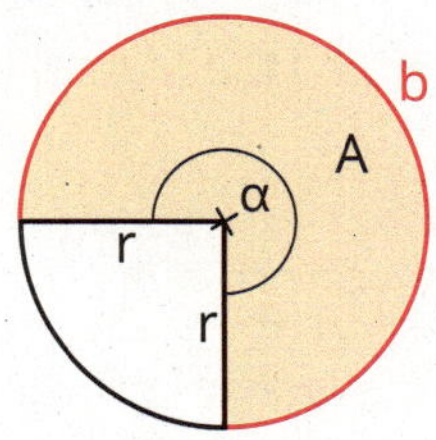

r = 9,3 m

α = 270°

A = ______

A = ______

A ≈ ______

b = ______

b = ______

b ≈ ______

3. Berechne die fehlenden Werte des Kreisausschnitts.

	r	α	b	A
a)	2,7 cm	190°		
b)	3,78 m	114°		
c)	7,5 mm	45°		
d)	12,88 dm		7,5 dm	

Oberfläche des Zylinders

1. a) Berechne den rot gefärbten Umfang des Zylinders und vervollständige das Netz des Zylinders.

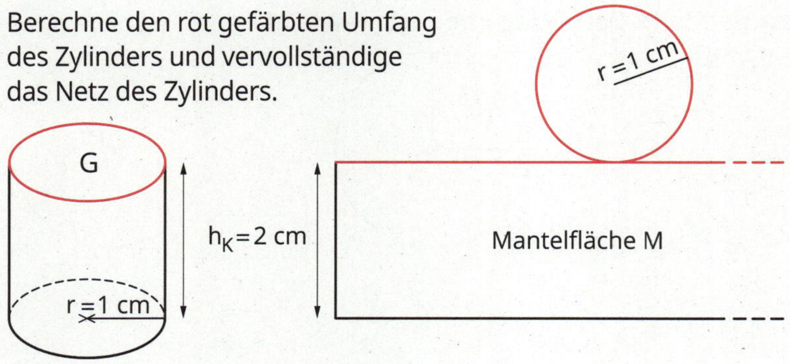

b) Berechne die Grundfläche G und die Mantelfläche M des Zylinders.

2. Ordne zu und notiere die Formeln für den Zylinder.

$2\pi r^2 + 2\pi r h_K$ | $2\pi r h_K$ | πr^2

G = ______ M = ______ O = ______

3. Berechne die Mantelfläche und die Oberfläche des Zylinders.

a) 

b) 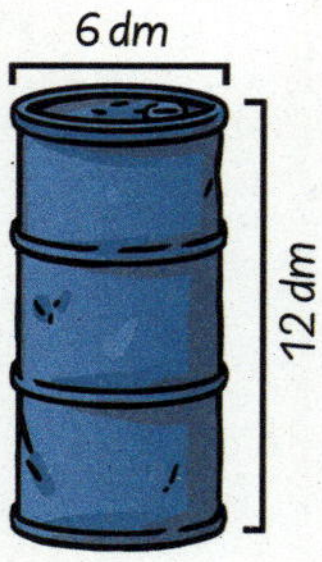

c) 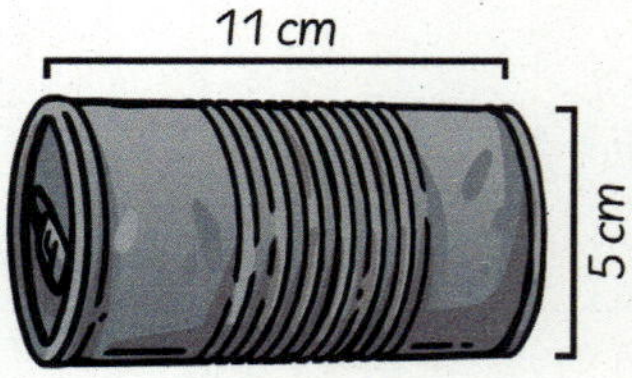

a) $r = 5$ cm

$M = 2\pi r \cdot h_K$

$M = 2\pi \cdot 5 \cdot 11{,}5$

$M \approx$ ______ cm^2

$O = 2\pi r^2 + 2\pi r \cdot h_K$

$O = 2\pi \cdot 5^2 + 2\pi \cdot 5 \cdot 11{,}5$

$O \approx$ ______ cm^2

Volumen des Zylinders

1. Berechne das Volumen des Zylinders wie im Beispiel.

a) 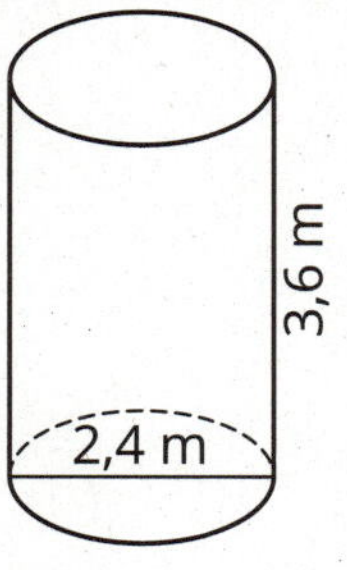

b) 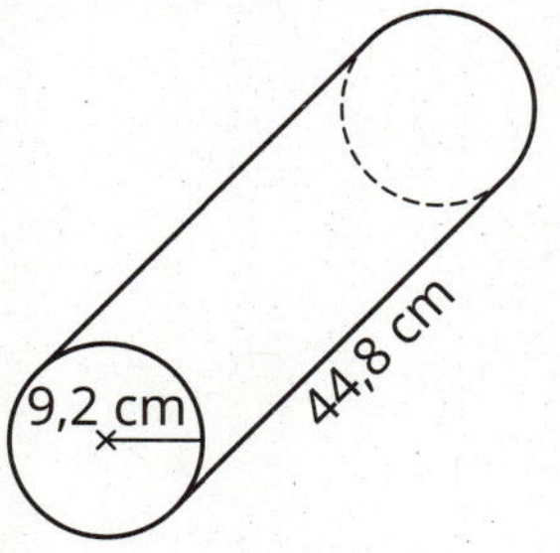

c) 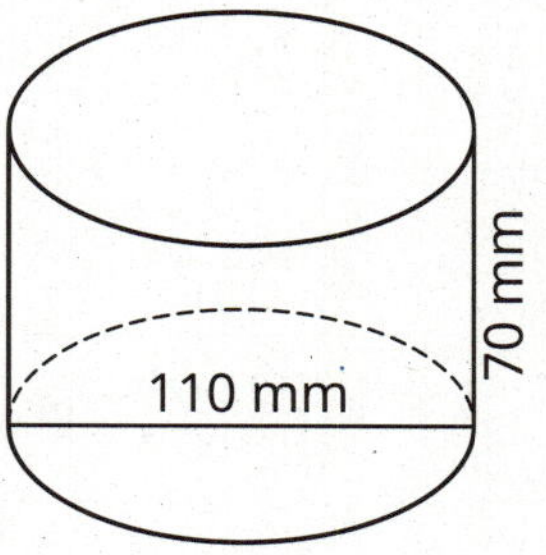

a) $d = 2{,}4\ m;$
$r = 1{,}2\ m;$
$h_K = 3{,}6\ m$

$V = \pi r^2 \cdot h_K$

$V = \pi \cdot 1{,}2^2 \cdot 3{,}6$

$V \approx 16{,}29\ m^3$

2. Berechne die fehlenden Werte des Zylinders.

	Radius r	Höhe h_K	Grundfläche G	Volumen V	Mantelfläche M	Oberfläche O
a)	1,2 m	3,70 m				
b)	0,58 m	0,95 m				
c)		6,4 cm	26,8 cm²			

a)

b)

c) $G = \pi r^2$

$26{,}8 = \pi r^2 \quad | : \pi$

1. Berechne die gesuchten Größen des Kreises mit dem Taschenrechner.

	a)	b)	c)
r	3,4 cm		
d		10,8 cm	
u			86 cm
A			

2. Berechne die gefärbte Fläche.

a) $r = 7{,}5$ cm

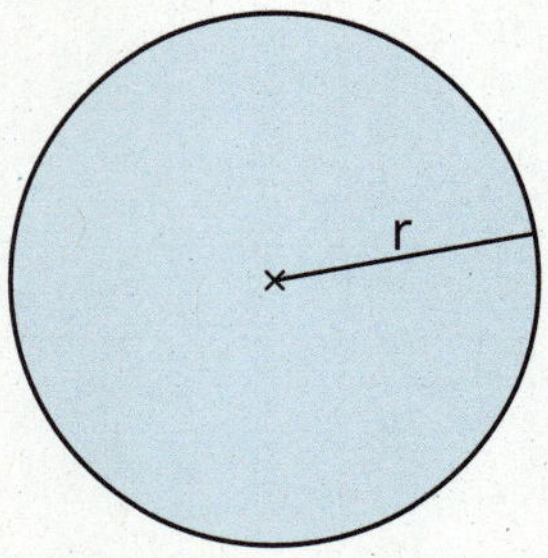

b) $r_1 = 13$ cm; $r_2 = 6{,}5$ cm

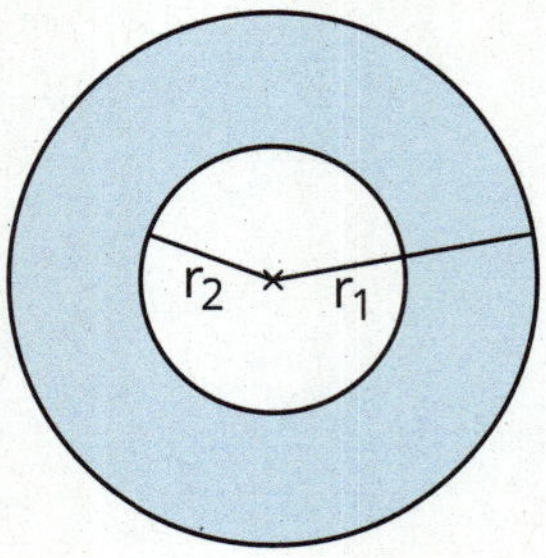

c) $r = 3{,}5$ cm; $\alpha = 240°$

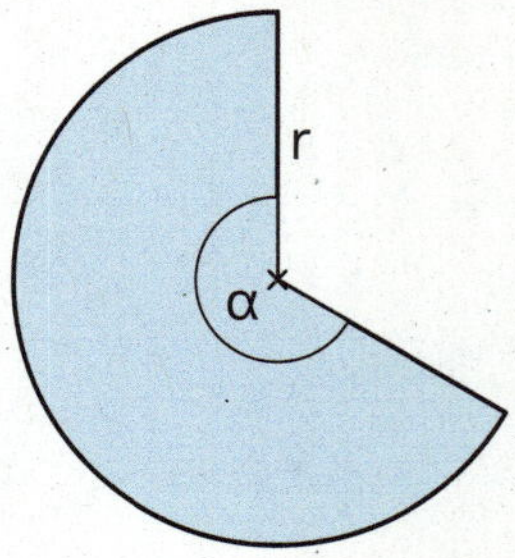

3. Berechne den Doseninhalt in cm^3 und den Materialbedarf der Dose in cm^2.

Lineare Gleichungssysteme 8

1. Paul und seine Freundin Laura wohnen in Altbach und gehen im 7 km entfernten Esslingen zur Schule. Wenn Paul mit dem Fahrrad zur Schule fährt, benötigt er 30 Minuten. Wenn Laura mit ihrem E-Scooter fährt, braucht sie 20 Minuten. Paul startet um 7:10 Uhr, Laura um 7:15 Uhr.

a) Ergänze in der rechten Abbildung die Darstellung der Fahrt von Laura.

b) Lies aus der grafischen Darstellung ab:

Wann wird Paul von Laura überholt?

Wie weit ist es dann noch bis zur Schule?

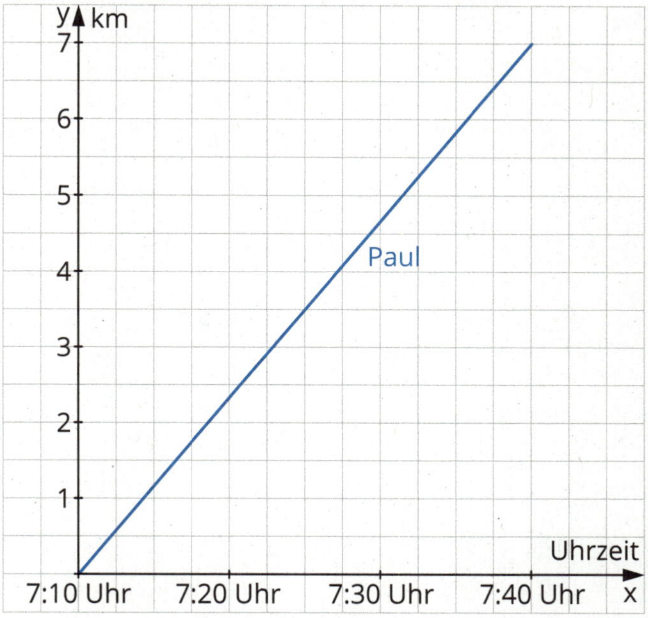

2. Der Fernsehturm ist eines der Wahrzeichen Berlins. In einer Höhe von etwa 204 m befindet sich eine Aussichtsplattform, die man mit zwei gläsernen Aufzügen erreichen kann. Die Aufzüge fahren mit einer Geschwindigkeit von sechs Metern pro Sekunde.
Familie Mesic hat ihren Aufenthalt auf der Plattform gerade beendet und fährt mit dem Aufzug nach unten. Vier Sekunden später startet Familie Jovic mit dem anderen Aufzug ihre Fahrt nach oben.

a) Vervollständige im Koordinatensystem die Fahrt von Familie Jovic.

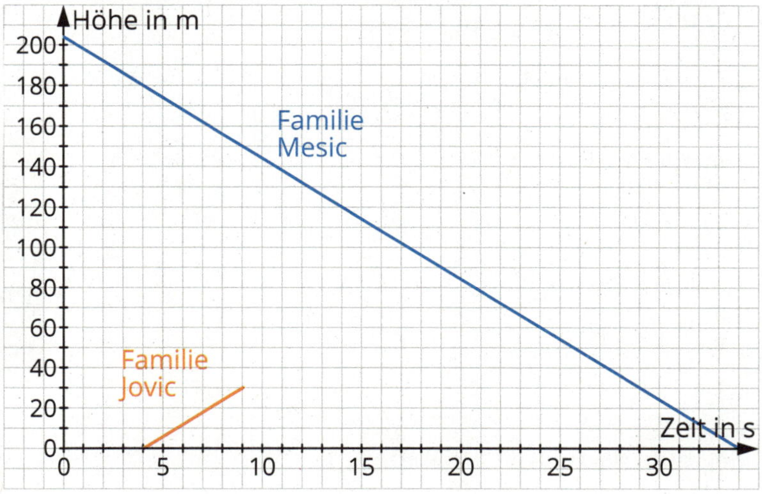

b) Nach wie vielen Sekunden befinden sich die beiden Familien auf der gleichen Höhe? Auf welcher Höhe befinden sie sich dann?

Lagebeziehungen von Graphen linearer Funktionen

1. a) Zeichne die Graphen der vier linearen Funktionen in den passenden Farben in das Koordinatensystem.

$g: y = -\frac{1}{3}x + 6$ $h: y = \frac{2}{3}x + 3$ $i: y = \frac{2}{3}x$ $k: y = \frac{1}{3}x + 5$

b) Die Gerade g hat mit jeder der drei anderen Geraden einen Schnittpunkt. Gib die Koordinaten an.

S_{gh}(____|____) S_{gi}(____|____) S_{gk}(____|____)

c) Gib an, wie die Geraden zueinander liegen.

Die Geraden h und i	o	o	sind identisch.
Die Geraden h und k	o	o	sind parallel zueinander.
		o	schneiden sich.

d) Nimm Stellung zu der Aussage von Kai, indem du den Lückentext ausfüllst.

Kais Aussage ist ____________ (richtig/falsch). Die Geraden i und k haben ____________ (gleiche/unterschiedliche) Steigungen. Also sind sie ____________ (parallel/nicht parallel) und auch ____________ (identisch/nicht identisch). Die Geraden müssen sich also ____________ (schneiden/nicht schneiden).

2. Ordne die Geraden ① bis ⑥ so zu, dass die Aussagen richtig sind. Du darfst jede Gerade nur einmal verwenden.

① $y = -\frac{3}{2}x + \frac{1}{2}$

② $y = \frac{1}{2}x + \frac{3}{2}$

③ $y = -\frac{3}{2}x - \frac{1}{2}$

④ $y = 0{,}5x + \frac{3}{2}$

⑤ $y = \frac{3}{2}x - \frac{1}{2}$

⑥ $y = -\frac{1}{2}x - \frac{1}{2}$

Die Geraden ______ und ______ sind parallel.

Die Geraden ______ und ______ sind identisch.

Die Geraden ______ und ______ schneiden sich.

Lineare Gleichungen mit zwei Variablen

1. a) Prüfe durch Einsetzen, welche der beiden angegebenen Zahlenpaare (x|y) Lösungen der Gleichung sind. Kreuze alle Lösungen an.

	① $y = 2x - 2$	② $y - 0{,}5x = 0$	③ $2y = -x + 4$
Zahlenpaare	☐ (−1|0)	☐ (4|1)	☐ (2|1)
	☐ (1|0)	☐ (4|2)	☐ (−2|3)

Rechnungen:

b) Bestätige deine Ergebnisse aus Aufgabenteil 1a) durch eine zeichnerische Lösung. Löse die Gleichungen ② und ③ dafür zunächst nach y auf.

① $y = 2x - 2$

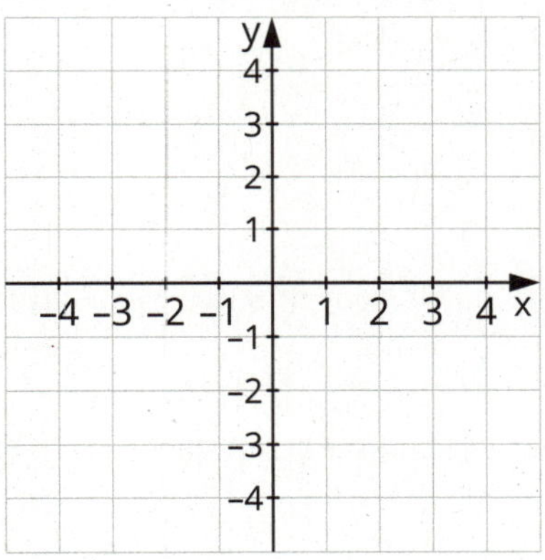

② y = ____________

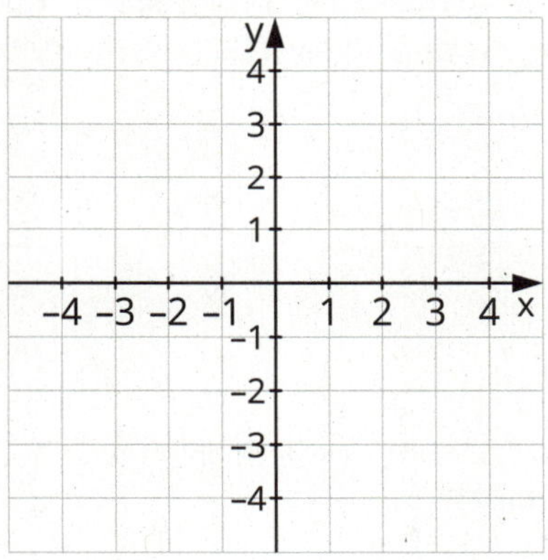

③ y = ____________

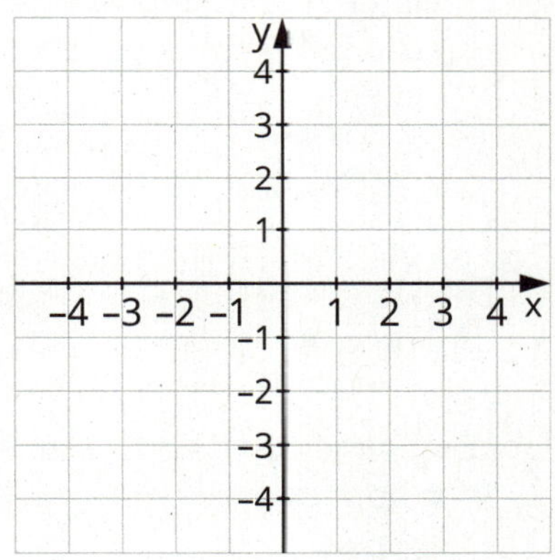

2. a) Ordne die Gleichungen den zugehörigen Graphen zu. Färbe die Graphen in der zur Gleichung passenden Farbe.

$y = -x + 1$

$y = 0{,}5x - 1{,}5$

$y = \frac{2}{3}x + \frac{8}{3}$

$y = -2x$

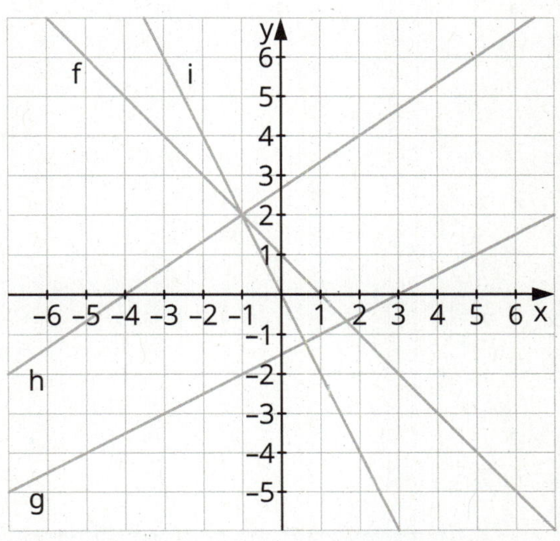

b) Drei der Gleichungen besitzen eine gemeinsame Lösung. Gib diese gemeinsame Lösung an.

Gemeinsame Lösung: (____|____)

Lineare Gleichungssysteme

1. Bestimme die gemeinsame Lösung beider Gleichungen zeichnerisch.

a) I $y = 2x + 1$
II $y = -3x + 6$

Lösung: (____|____)

b) I $y = \frac{1}{5}x - 2$
II $y = -x + 4$

Lösung: (____|____)

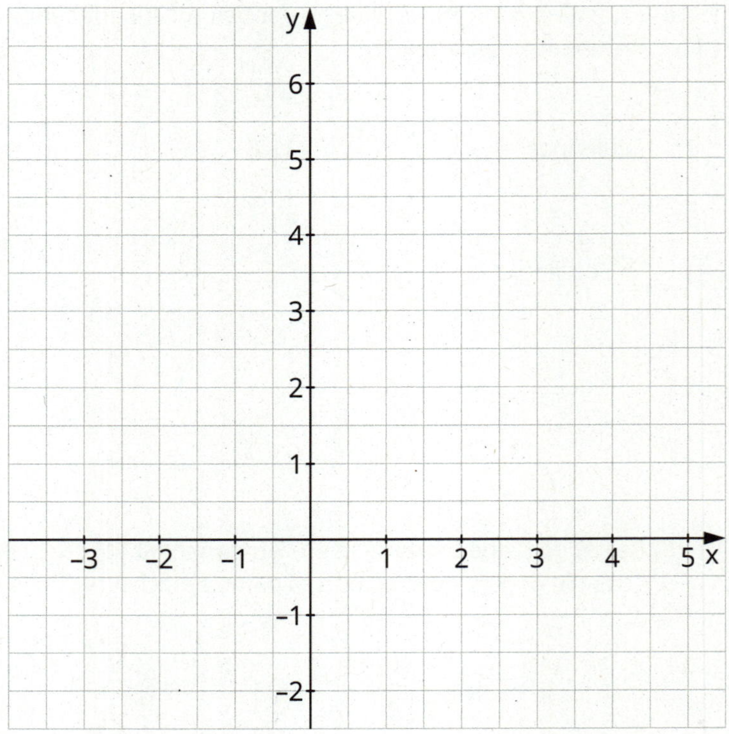

2. Zwei Kerzen werden zeitgleich angezündet. Die eine Kerze ist 6 cm hoch und brennt pro Stunde 1 cm herunter. Die andere Kerze ist 5 cm hoch und brennt pro Stunde 0,5 cm ab.

a) Kreuze das Gleichungssystem an, das den Sachverhalt der Aufgabe richtig darstellt.

① ☐ I $y = x - 5$
II $y = 0{,}5x - 6$

② ☐ I $y = -x + 6$
II $y = -\frac{1}{2}x + 5$

③ ☐ I $y = \frac{1}{2}x + 5$
II $y = -\frac{1}{2}x + 6$

④ ☐ I $y = -x - 5$
II $y = -0{,}5x - 6$

b) Bestimme durch eine zeichnerische Lösung, nach welcher Brenndauer die beiden Kerzen gleich hoch sind. Wie hoch sind sie zu diesem Zeitpunkt?

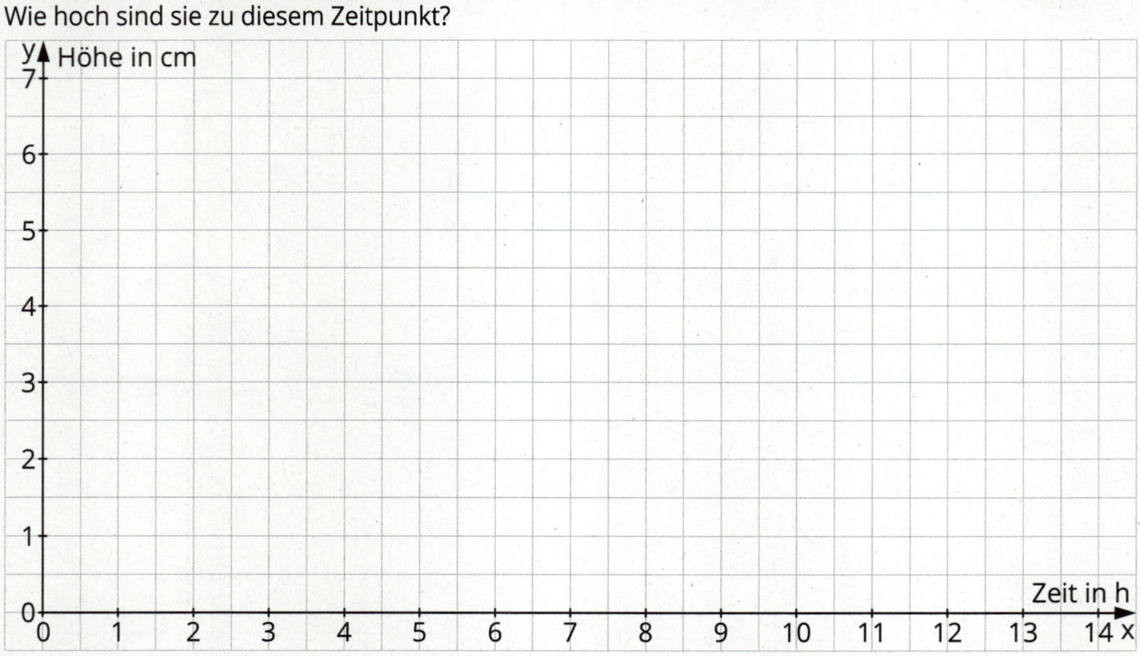

Antwort: ____

____

Gleichsetzungsverfahren

1. Löse das lineare Gleichungssystem mit dem Gleichsetzungsverfahren.
Kontrolliere deine Lösung mit einer Probe.

a)
I $y = 5x + 7$
II $y = 3x + 15$

I = II $5x + 7 = 3x + 15 \quad | -3x$
$2x + 7 = 15 \quad | -7$
$2x = 8 \quad | :2$
$x = 4$
x in I $y = 5 \cdot 4 + 7$
$y = 27$
Lösung: $(4 \mid 27)$
Probe: I $27 = 5 \cdot 4 + 7$ (w)
II $27 = 3 \cdot 4 + 15$ (w)

b)
I $y = 2 - 15x$
II $y = -12x + 8$

c)
I $3x = 7y + 4$
II $3x = 14y - 10$

d)
I $-4y + x = 9 \quad | +4y$
II $2x = 14y - 12 \quad | :2$

I $x = 9 + 4y$
II

Einsetzungsverfahren

1. Löse das lineare Gleichungssystem mit dem Einsetzungsverfahren.

a) I $y = 3x - 7$
II $2x + y = 8$

I in II $2x + 3x - 7 = 8$

$5x - 7 = 8 \quad | + 7$

$5x = 15 \quad | : 5$

$x =$

x in I $y =$

b) I $x = 6y - 9$
II $3x + 2y = 13$

I in II $3(6y - 9) + 2y = 13$

$18y - 27 + 2y = 13$

c) I $x = 4y + 8$
II $3y + 5x = -6$

d) I $x - 3y = 8$
II $y = -x + 4$

e) I $y + 15 = 3x \quad | - 15$
II $2y - 10 = 2x$

I $y = 3x - 15$
II $2y - 10 = 2x$

I in II

f) I $2y = 2x - 40$
II $6x = 20 - 4y$

Additionsverfahren

1. Löse das lineare Gleichungssystem mit dem Additionsverfahren.

a)
I $4x - 2y = -2$
II $x + 2y = 17$

$I + II$: $5x = 15 \quad |:5$

$x = 3$

x in II: $3 + 2y = 17 \quad |-3$

$2y =$

b)
I $3x + 7y = 14 \quad |\cdot 2$
II $9x - 14y = 77$

I $6x + 14y = 28$
II $9x - 14y = 77$

$I + II$

c)
I $5x - 3y = 1$
II $-8x + 6y = 2$

d)
I $3x + 7y = 40$
II $x + 6y = -5$

e)
I $3x + 4y = 18 \quad |\cdot 3$
II $5x - 3y = 1 \quad |\cdot 4$

I $9x + 12y = 54$
II $20x - 12y = 4$

$I + II$

f)
I $-6x + 5y = 22 \quad |\cdot 4$
II $4x - 7y = -22 \quad |\cdot 6$

Lösen von Sachaufgaben mit linearen Gleichungssystemen

1. Kreuze jeweils die Gleichung an, die den Sachverhalt beschreibt. Gib jeweils an, wofür die Variablen x und y in der Gleichung stehen.

a) Inga muss beim Einkaufen 8 € bezahlen. Sie bezahlt passend mit 1-€- und 2-€-Münzen.

☐ $x + y = 8$ ☐ $x + 2y = 8$ ☐ $x - y = 8$

x steht für: *Anzahl der 1-€-Münzen* y steht für: ______

b) Martha kauft vier Croissants und zwei Brezeln für insgesamt 6 €.

☐ $2x + 4y = 6$ ☐ $6x + 4y = 2$ ☐ $4x - 6y = 2$

x steht für: ______ y steht für: *Preis für 1 Croissant*

c) Bei einer Paddeltour müssen sich die 34 Teilnehmer auf Boote mit fünf und mit sieben Sitzen aufteilen.

☐ $5x + 7x = 34$ ☐ $5x = 7y + 34$ ☐ $34 = 7x + 5y$

x steht für: *Anzahl Boote mit 7 Sitzen* y steht für: ______

2. Stelle ein lineares Gleichungssystem auf und löse es.

a) Eine Gruppe der Schule mit 399 Personen fährt zum Rodeln und Skifahren ins Allgäu. 11 Busse sind bis auf den letzten Platz besetzt. Der Busunternehmer schickt Busse mit 29 und 45 Sitzplätzen. Wie viele Busse von jeder Art kommen zum Einsatz?

	Anzahl	Personen
Busse (29 Plätze)	x	$29x$
Busse (45 Plätze)	y	$45y$
zusammen	$x + y = 11$	$29x + 45y = 399$

b) An der Kasse eines Automuseums zahlt ein Erwachsener 6 € und ein Kind 4 €. Familie Toprak kommt mit 8 Personen und zahlt 44 €. Wie viele Erwachsene und wie viele Kinder gehören zu Familie Toprak?

	Anzahl	Preis (€)
Erwachsene		
Kinder		
zusammen		

Anwendungen

1. Stelle zu jedem Zahlenrätsel ein lineares Gleichungssystem auf und berechne die gesuchten Zahlen.

a) Die Summe zweier Zahlen ist 888, die Differenz der Zahlen beträgt 222.

b) Addiert man zum Dreifachen einer Zahl eine zweite Zahl, so erhält man 38. Subtrahiert man vom Fünffachen der ersten Zahl 42, so erhält man die zweite Zahl.

x: erste Zahl, y: zweite Zahl

I $x + y = 888$

II

2. Ein Stromanbieter bietet folgende Tarife an:

Tarif I:
monatliche Grundgebühr 12 €
Arbeitspreis 30 ct pro kWh

Tarif II:
monatliche Grundgebühr 24 €
Arbeitspreis 25 ct pro kWh

a) Begründe, welchen Tarif man bei einem hohen Verbrauch und welchen man bei einem niedrigen Verbrauch wählen sollte.

Bei einem hohen Verbrauch sollte man Tarif ______ wählen, weil ______

Bei einem niedrigen Verbrauch sollte man Tarif ______ wählen, weil ______

b) Kreuze das lineare Gleichungssystem an, das den monatlichen Gesamtpreis y bei einem Verbrauch von x kWh richtig darstellt.

① ☐
I $y = 30 + 12x$
II $y = 25 + 24x$

② ☐
I $y = 30x + 12$
II $y = 25x + 24$

③ ☐
I $y = 0{,}3x + 12$
II $y = 0{,}25x + 24$

c) Berechne mit einem Verfahren deiner Wahl, bei welchem Verbrauch die beiden Tarife gleich teuer sind. Wie teuer sind sie dann?

______

______

1. Stelle jeweils das lineare Gleichungssystem auf. Überprüfe die Richtigkeit deiner Gleichungen, indem du im Koordinatensystem den Geradenschnittpunkt abliest und eine Probe machst.

a)

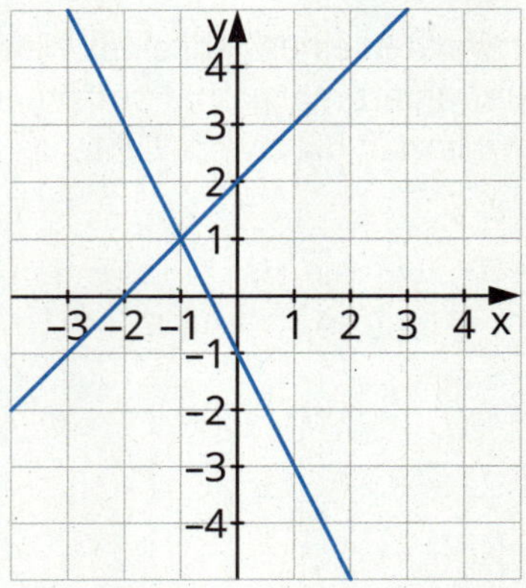

(I) ____________________

(II) ____________________

Lösung: (____|____)

b)

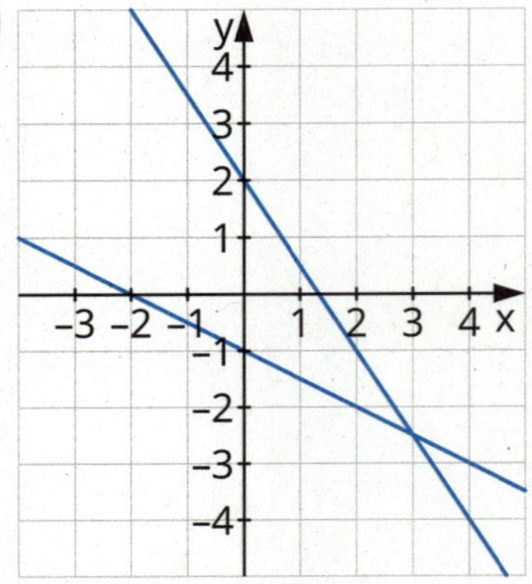

(I) ____________________

(II) ____________________

Lösung: (____|____)

2. Löse das lineare Gleichungssystem mit einem Verfahren deiner Wahl.

a)
I $4x + 3y = 2$
II $3x + y = -1$

b)
I $2x + y = 7$
II $5x + y = 13$

3. Löse das Sachproblem mit einem linearen Gleichungssystem.

Ein Jugendhotel mit 53 Betten ist voll belegt. Das Hotel hat insgesamt 20 Zimmer. In jedem Zimmer befinden sich entweder 2 Betten oder 3 Betten. Berechne die Anzahl der 2-Bett-Zimmer und die der 3-Bett-Zimmer.

	Anzahl	Betten
2-Bett-Zimmer		
3-Bett-Zimmer		
zusammen		

Antwort: ____________________

Daten und Zufall 9

1. Die 15 Filialen eines Unternehmens erreichten in zwei aufeinander folgenden Geschäftsjahren folgende Gewinne (in Millionen Euro).

1. Jahr:	2	2	7	6	2	8	4	6	3	7	3	9	6	2	8
Rangliste:															
2. Jahr:	4	9	4	5	6	8	3	10	5	4	3	9	4	6	4
Rangliste:															

a) Werte die Daten aus, indem du die Kennwerte bestimmst.

	Spannweite	Median	Mittelwert
1. Jahr:			
2. Jahr:			

b) War das 1. Jahr für das Unternehmen erfolgreicher als das 2. Jahr? Begründe deine Entscheidung.

2. Hier sind die Punktzahlen von zwei Klassen in einer Aufgabe aus einer gemeinsam geschriebenen Klassenarbeit im Fach Mathematik dargestellt. Es konnten maximal 5 Punkte erreicht werden.

a) Bestimme für jede Klasse den Median und den Mittelwert der erreichten Punktzahlen bei dieser Aufgabe.

Klasse 9a

0	1	2	3	4	5
I	III	IIII	卌 卌 II	卌	II

Klasse 9b

0	1	2	3	4	5
I	III	卌 卌	卌 卌	III	I

b) Welche der beiden Klassen hat bei der Aufgabe besser abgeschnitten? Begründe deine Antwort.

3. Auch die Parallelklasse 9c hat diese Aufgabe bearbeitet. Bekannt ist:
① Es waren nur 20 Schülerinnen und Schüler der 9c anwesend.
② Die Spannweite betrug 3 Punkte.
③ Niemand erreichte die Höchstpunktzahl, jeder erreichte mindestens 1 Punkt.
④ Die Hälfte aller Teilnehmer erzielte 4 Punkte.

Klasse 9c

0	1	2	3	4	5
0		5	4	10	0

a) Ergänze in der dritten Tabellenzeile die fehlende Anzahl für 1 Punkt passend.

b) Gib eine weitere Möglichkeit für das Abschneiden der Klasse 9c an.

Boxplots

1. Swenja, Till und Maren haben jeweils einen Papierfrosch gebastelt, der hüpfen kann. Aber welcher Frosch ist der beste Hüpfer? Um das herauszufinden, haben sie jeden Frosch 20-mal hintereinander springen lassen und die Weiten notiert.

Swenja:	42 mm	42 mm	39 mm	43 mm	39 mm	42 mm	38 mm	41 mm	42 mm	43 mm
	36 mm	42 mm	42 mm	39 mm	43 mm	46 mm	40 mm	40 mm	41 mm	38 mm
Till:	42 mm	42 mm	41 mm	41 mm	43 mm	42 mm	42 mm	42 mm	40 mm	40 mm
	43 mm	44 mm	42 mm	38 mm	43 mm	37 mm	46 mm	43 mm	44 mm	38 mm
Maren:	45 mm	37 mm	38 mm	45 mm	34 mm	45 mm	46 mm	47 mm	41 mm	36 mm
	37 mm	38 mm	40 mm	41 mm	39 mm	38 mm	43 mm	44 mm	43 mm	41 mm

a) Bestimme bei jedem Frosch, wie häufig welche Weite (in mm) erreicht wurde

	34	35	36	37	38	39	40	41	42	43	44	45	46	47
	–	–	I	–	II	III								

b) Bestimme die folgenden Werte, mit deren Hilfe du die Ergebnisse der drei Papierfrösche vergleichen kannst.

	Minimum	unteres Quartil	Median	oberes Quartil	Maximum
	36	39	41,5	42	46

c) Die Ergebnisse von zwei Papierfröschen sind im Boxplot dargestellt. Notiere die Farbe des passenden Frosches vor dem Boxplot und zeichne einen Boxplot zu den Ergebnissen des dritten Papierfrosches.

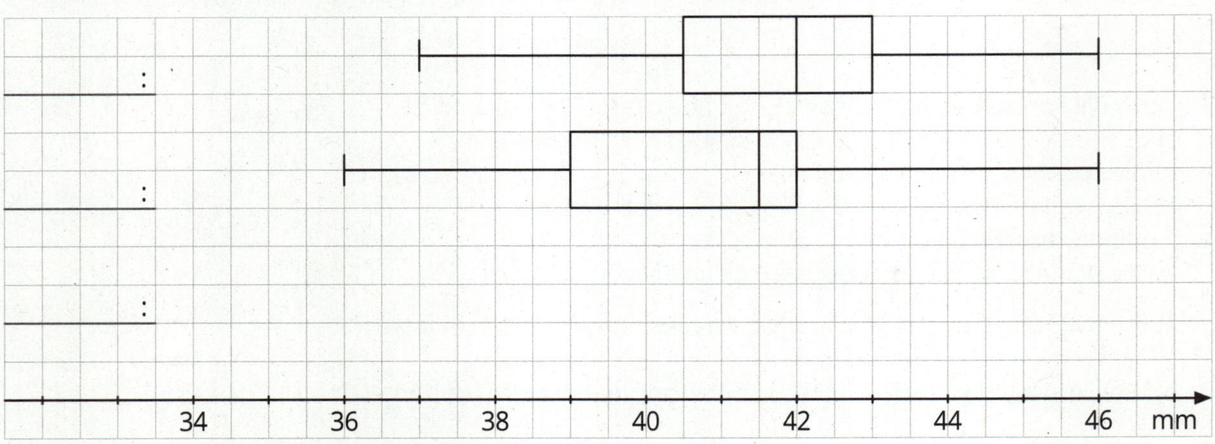

Diagramme lesen und zeichnen

1. Die Grafik zeigt die Anzahl der jeweiligen Schulabschlüsse im Jahr 2016 in Deutschland an.

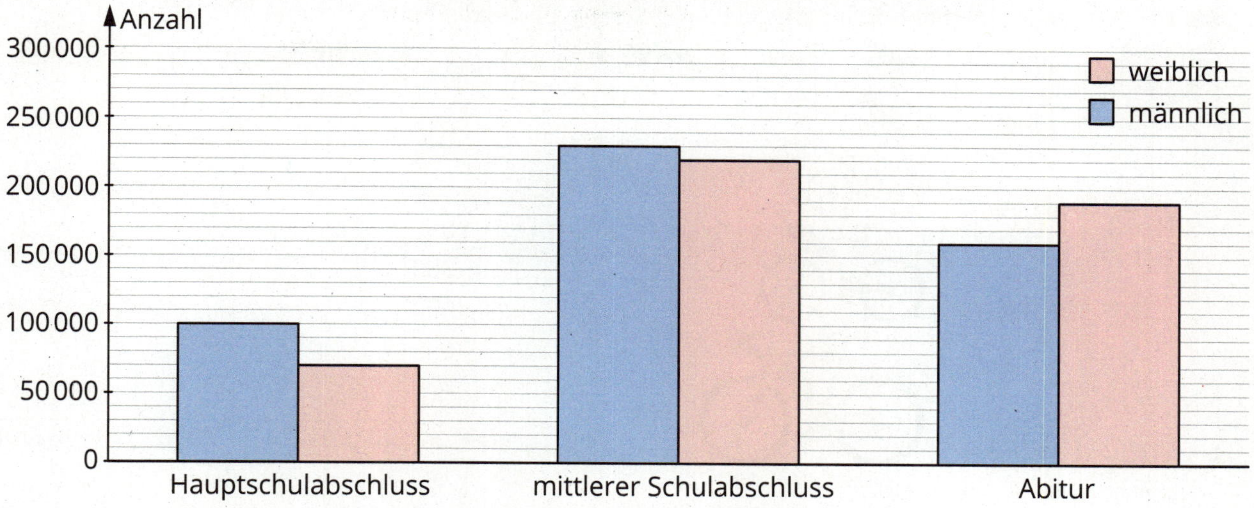

a) Lies die Anzahlen aus dem Diagramm ab und trage sie in die Tabelle ein.

	männlich	weiblich	insgesamt
Hauptschulabschluss	100 000	70 000	170 000
mittlerer Schulabschluss			
Abitur			

Gesamtanzahl der Schulabschlüsse: 970 000

b) Berechne jeweils die Anteile an der Gesamtanzahl der Schulabschlüsse in Prozent.

Hauptschulabschluss: 17,5 % mittlerer Schulabschluss: ____ % Abitur: ____ %

c) Stelle die in b) berechneten Anteile der drei Schulabschlüsse an der Gesamtanzahl in einem Streifendiagramm und in einem Kreisdiagramm dar.

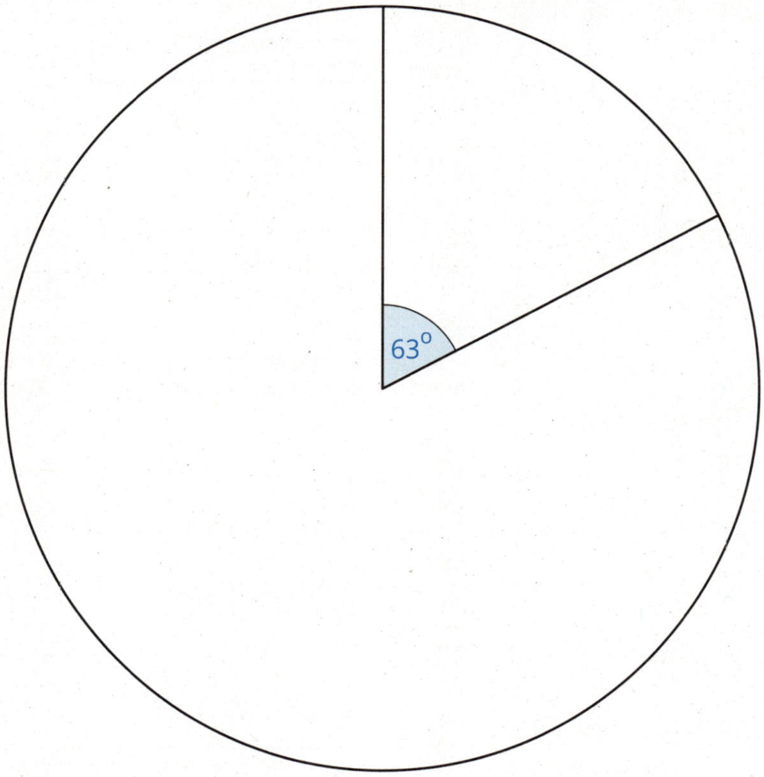

Hauptschulabschluss:

$\frac{170\,000}{970\,000} \approx 0{,}175 = 17{,}5\,\%$

$17{,}5 \cdot 3{,}6° = 63°$

Diagramme bewerten

1. In dem Diagramm wird die Anzahl der produzierten E-Bikes in Deutschland von 2016 bis 2020 dargestellt.
a) Zeichne zu den im Diagramm dargestellten Daten ein Säulendiagramm.

2016: 351 500
2017: 470 000
2018: 690 000
2019: 960 000
2020: 1 300 000

Statistisches Bundesamt, 21.03.2021

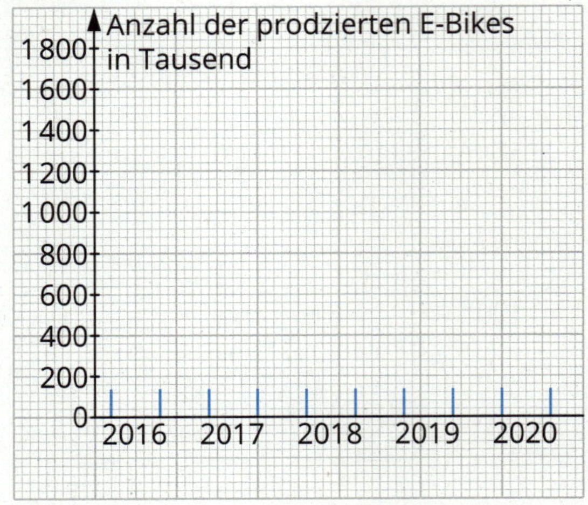

b) Vergleiche die beiden Diagramme und beurteile, ob die Daten richtig dargestellt werden. Betrachte dazu die Größenverhältnisse der verwendeten E-Bike-Zeichnungen und vervollständige den Lückentext.

Von 2016 bis 2018 hat sich die Anzahl der in Deutschland produzierten E-Bikes ungefähr ________________. Das bei 2018 abgebildete E-Bike ist aber nicht nur etwa doppelt so lang wie das bei ________________ abgebildete E-Bike, sondern auch ________________ so hoch.

Korrekt ist nur die Darstellung im Säulendiagramm: Die Säule für das Jahr 2018 ist ________________ so breit und ________________ so hoch wie die Säule für 2016.

2. Laut einer Wochenzeitschrift gilt WhatsApp im Jahr 2020 über alle Altersgruppen hinweg als das meistgenutzte soziale Netzwerk in Deutschland. Dazu wird das rechts abgebildete Diagramm veröffentlicht.
a) Beschreibe den Fehler, der in der Wochenzeitschrift gemacht wird.

____

____

____

____

____

____

____

____

____

b) Zeichne ein Säulendiagramm, in dem die Anteile der verschiedenen Altersgruppen korrekt dargestellt werden.

Anteil der Nutzer*innen von Whatsapp nach Altersgruppen in Deutschland im Jahr 2020 (in %)

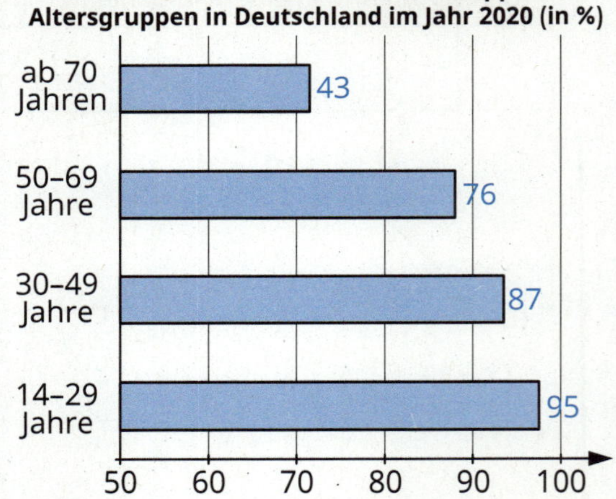

Anteil der Nutzer*innen von Whatsapp nach Altersgruppen in Deutschland im Jahr 2020 (in %)

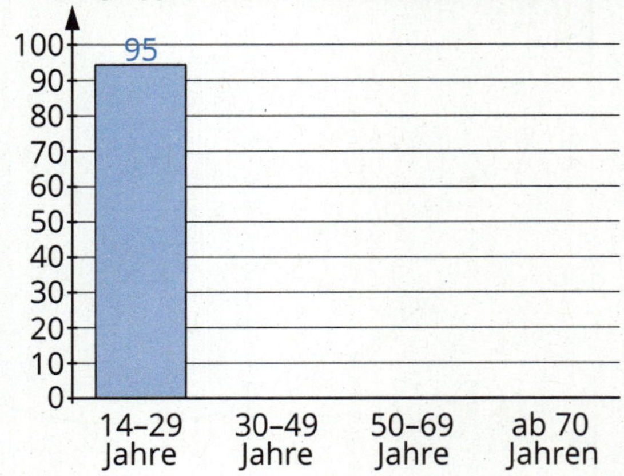

Baumdiagramme und zweistufige Zufallsversuche

1. Aus der abgebildeten Urne werden zufällig nacheinander zwei Kugeln gezogen, einmal mit und einmal ohne Zurücklegen.

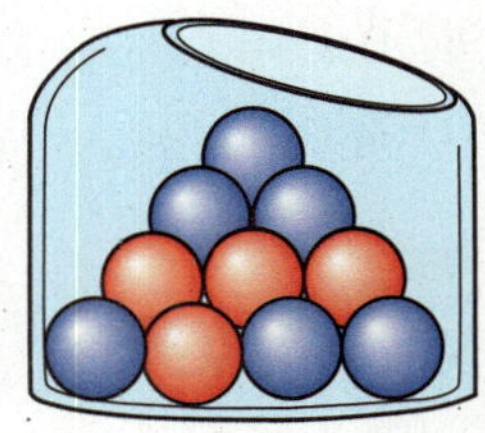

a) Vervollständige die zugehörigen Baumdiagramme.

mit Zurücklegen

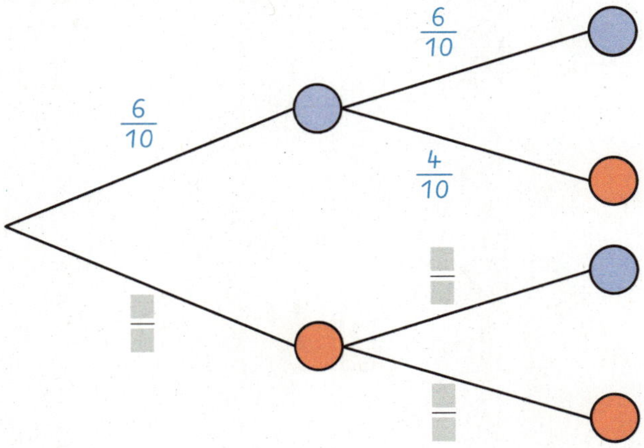

ohne Zurücklegen

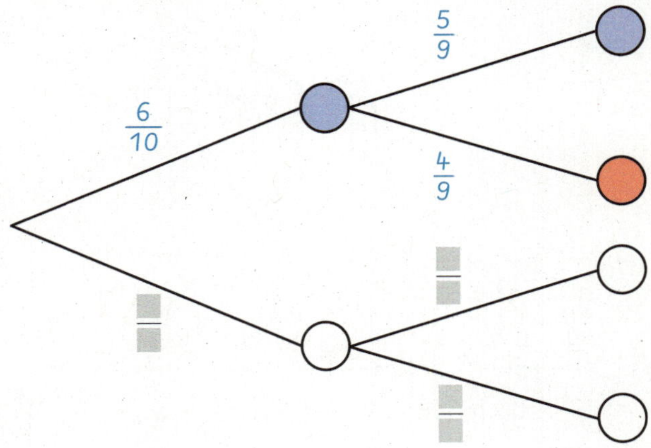

b) In welchem Fall ist die Wahrscheinlichkeit größer, zwei blaue Kugeln zu ziehen? Mit Zurücklegen (links) oder ohne Zurücklegen (rechts)? Formuliere zunächst eine begründete Vermutung und überprüfe sie dann durch Rechnung.

Vermutung: *Die Wahrscheinlichkeit, zwei blaue Kugeln zu ziehen, ist* ______ *Zurücklegen größer,*

weil ____

____

Rechnung: **mit Zurücklegen** **ohne Zurücklegen**

P(◯, ◯) = $\frac{6}{10}$ · ______ = ______ P(◯, ◯) = ______ = ______

2. a) Bestimme die Wahrscheinlichkeiten für alle möglichen Ergebnisse.

P(G, G)

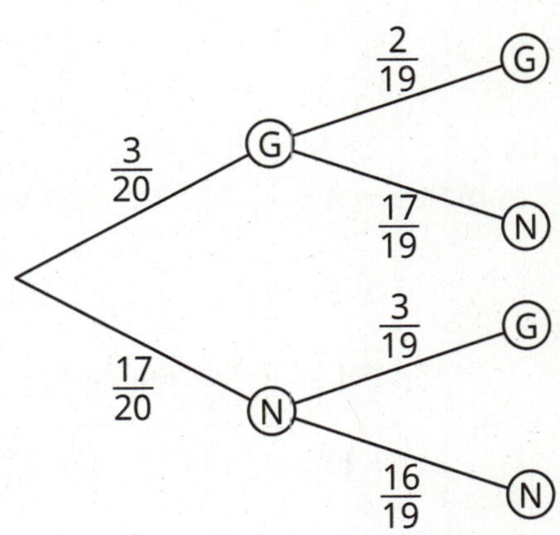

b) Denke dir ein Zufallsexperiment aus, das zu dem abgebildeten Baumdiagramm passt.

____

____

____

Produkt- und Summenregel

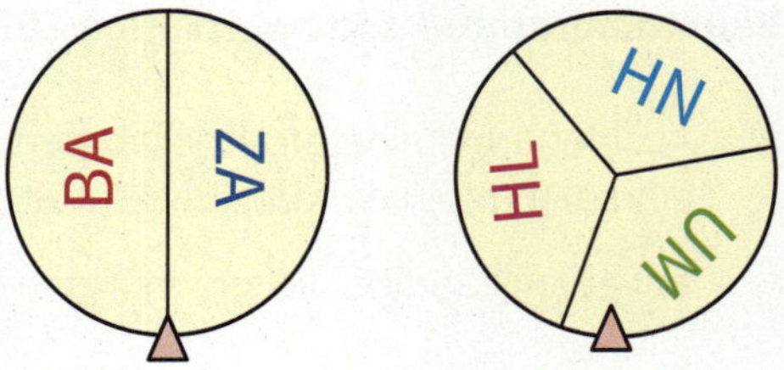

1. Die beiden Glückräder werden gleichzeitig gedreht.

a) Vervollständige das abgebildete Baumdiagramm.

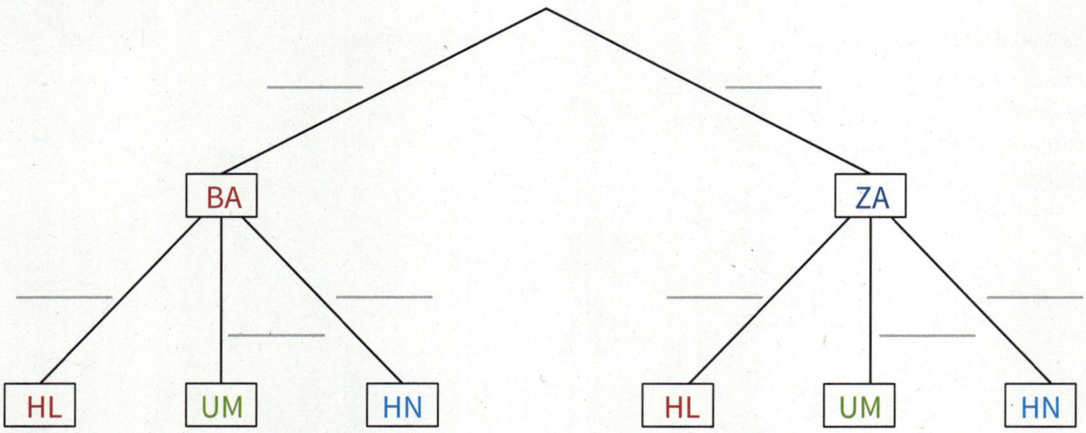

b) Bestimme die Wahrscheinlichkeit für

P(ZAHL oder BAHN) = ______________________________

P(ZAHN oder BAUM oder ZAHL) = ______________________________

2. Das abgebildete Baumdiagramm beschreibt ein zweistufiges Zufallsexperiment.

a) Zeichne eine passende Anzahl von Kugeln in die Urne.

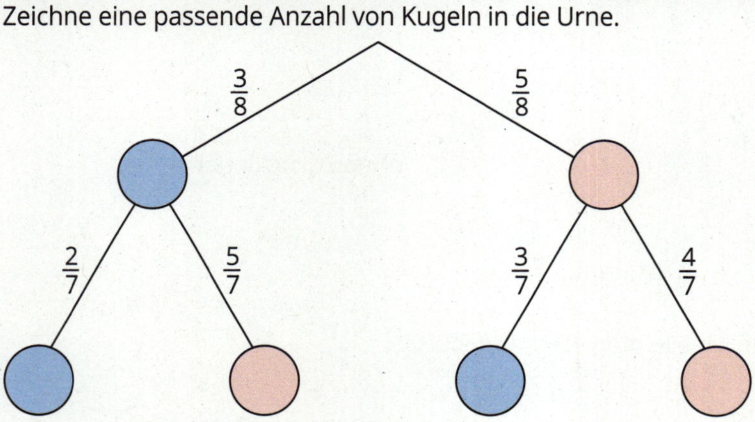

b) Bestimme die Wahrscheinlichkeiten für die folgenden Ereignisse:

P(blau, blau) = ______________________________

P(genau eine rote Kugel) = ______________________________

P(mindestens eine rote Kugel) = ______________________________

P(alle Kugeln gleichfarbig) = ______________________________

Rechnen mit dem Gegenereignis

1. Elif kommt mit der S-Bahn zur Schule. Sie fährt erst mit der S3 und steigt dann in den Bus 218.
Die S3 ist mit einer Wahrscheinlichkeit von 80 % pünktlich, der Bus 218 mit einer Wahrscheinlichkeit von 75 %.

a) Ist es wahrscheinlicher, dass an einem Tag beide Verkehrsmittel pünktlich sind oder dass sich beide verspäten?
Formuliere zunächst eine Vermutung und überprüfe sie dann durch Rechnung.

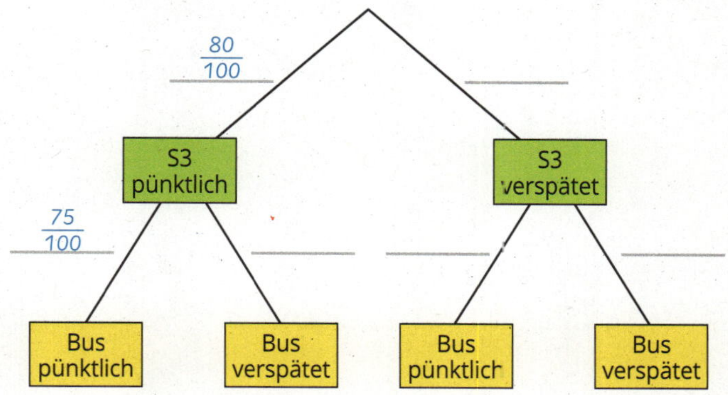

Vermutung: ______________________________

P(beide pünktlich) = ______________________________

P(beide verspätet) = ______________________________

b) Weise rechnerisch mit Hilfe des Gegenereignisses nach, dass die Wahrscheinlichkeit, dass mindestens eines der beiden Verkehrsmittel verspätet kommt, bei 40 % liegt.

2. In einem Korb sind 20 Murmeln. Davon sind 8 grün, 3 rot, 2 gelb und 7 blau.

a) Karl greift in den Korb und nimmt nacheinander ohne hinzusehen zwei Murmeln heraus. Ergänze die Wahrscheinlichkeiten in dem Baumdiagramm.

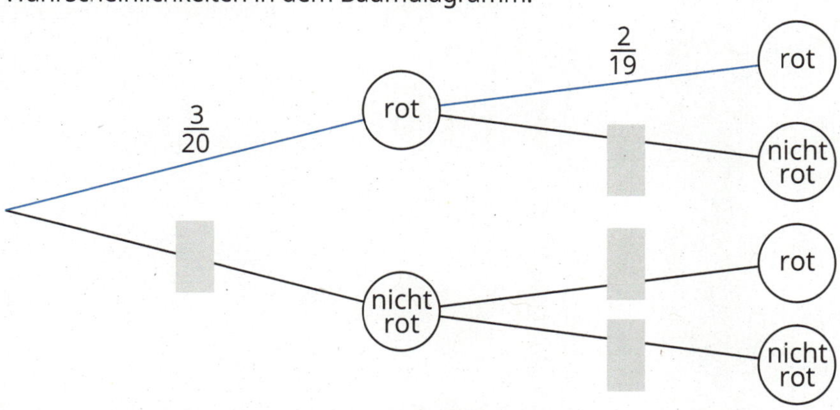

b) Entscheide für den blau markierten Pfad im Baumdiagramm, ob die Aussage wahr oder falsch ist.

Ⓐ Karl greift zwei gleichfarbige Murmeln heraus.	☐ wahr	☐ falsch
Ⓑ Karl legt nach jedem Ziehen die Murmel wieder zurück.	☐ wahr	☐ falsch
Ⓒ Die Wahrscheinlichkeit für das Ereignis des blau markierten Pfades ist kleiner als 1 %.	☐ wahr	☐ falsch

1. a) Abgebildet siehst du drei Säulendiagramme, die Notenübersichten von drei Klassenarbeiten darstellen. Ordne die Informationen über die Klassenarbeiten den Säulendiagrammen zu.

Klassenarbeit A: Die Spannweite liegt bei 4, der Mittelwert ist ganzzahlig.	**Klassenarbeit B:** Der Notendurchschnitt beträgt 2,5; der Median auch.	**Klassenarbeit C:** Bei 22 Teilnehmern ist der Mittelwert größer als der Median.

Diagramm 1

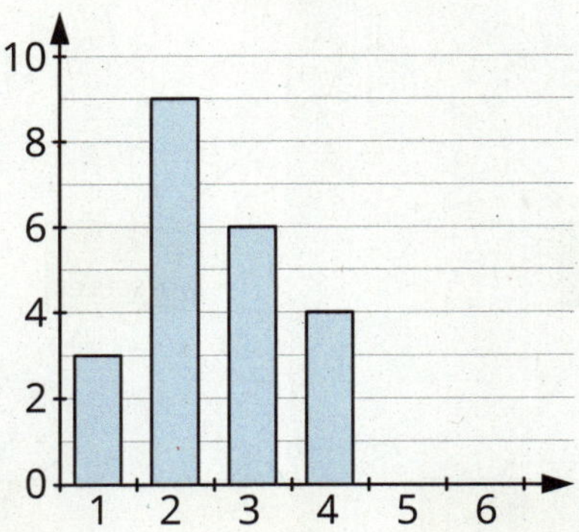

Klassenarbeit ____________

Diagramm 2

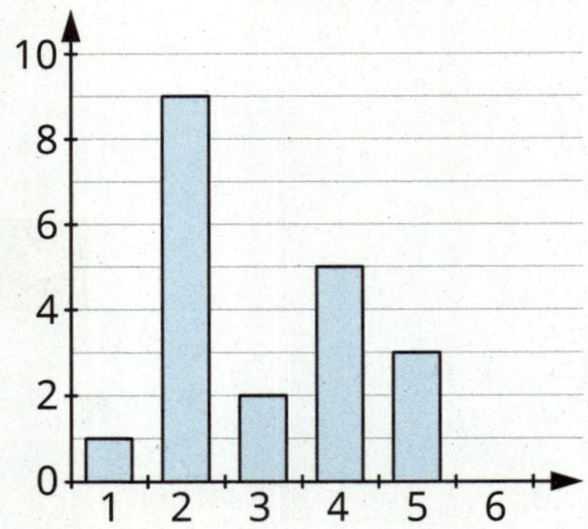

Klassenarbeit ____________

Diagramm 3

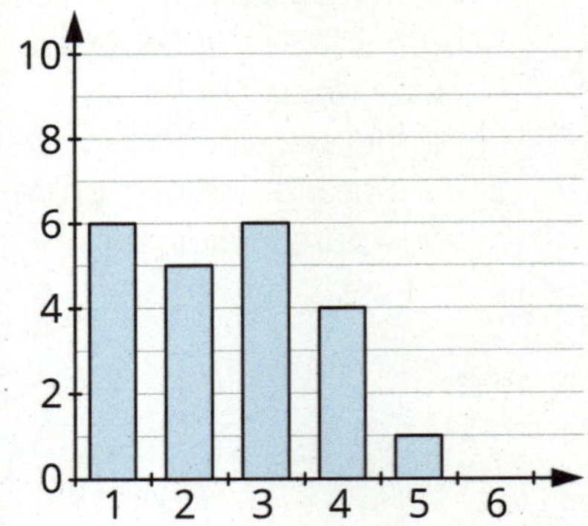

Klassenarbeit ____________

b) Die abgebildeten Boxplots stellen die Ergebnisse der drei Arbeiten dar. Ordne sie zu.

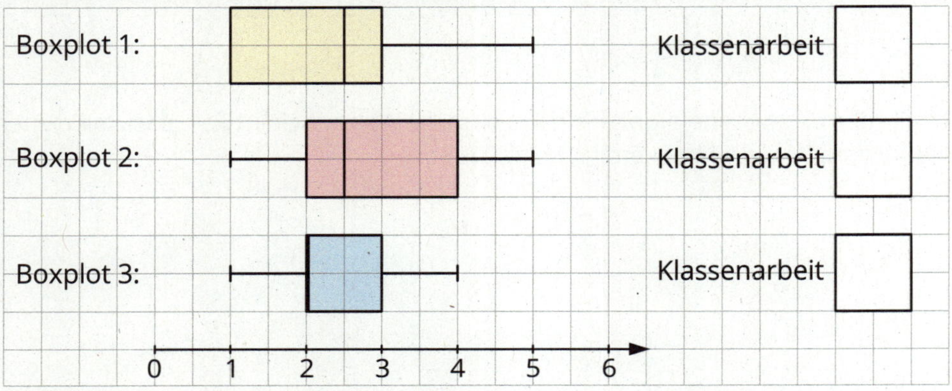

2. Aus der abgebildeten Urne wird zweimal eine Kugel *ohne Zurücklegen* gezogen.

a) Stelle das Zufallsexperiment im Baumdiagramm dar und ergänze die Wahrscheinlichkeiten.

b) Bestimme die Wahrscheinlichkeit für folgende Ereignisse.

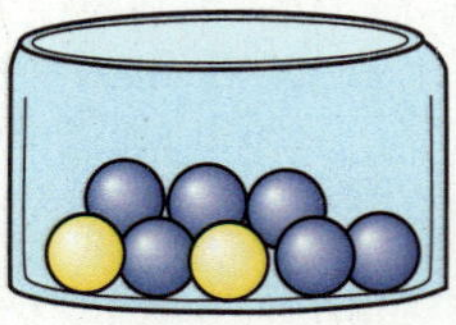

P(zweimal blau) = ____________

P(mindestens eine gelbe Kugel) = ____________

P(genau eine blaue Kugel) = ____________

P(zwei gleichfarbige Kugeln) = ____________

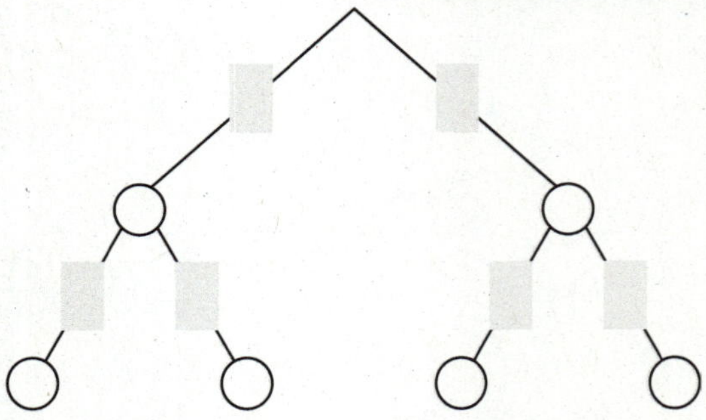

Milimeterpapier für deine Zeichnungen

Milimeterpapier für deine Zeichnungen

Karopapier für deine Rechnungen

Karopapier für deine Rechnungen

Lösungen zum Arbeitsheft 9*

2 Lineare Funktionen

1

1. a)

Aquarium	
Zeit (s)	Höhe (mm)
10	15
20	30
30	**45**
40	**60**

b) 1,5 mm pro Sekunde.

c) Hier keine Zeichnung.
Weitere Punkte: (30|45) und (40|60)

d) Hier keine Zeichnung. Werte zur Kontrolle: (10|5); (20|10); (30|15); (40|20)

e) Graph Nr. 2
Begründung: Die Kegel-Vase ist unten **breit** und wird nach oben hin immer **schmaler**. Deshalb steigt das Wasser erst **langsam** und dann immer **schneller**.

2.

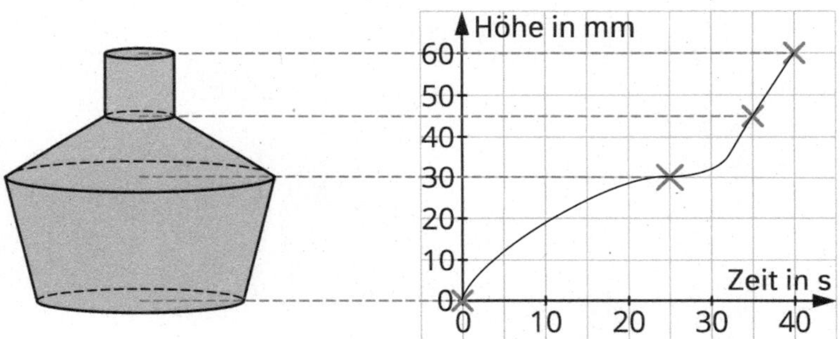

Grafische Darstellung von Funktionen

2

1. a) Selma startete um **8:00** Uhr. Insgesamt wanderte Selma **5** Stunden lang. Dabei legte sie eine Wegstrecke von **15** km zurück. Während ihrer Wanderung machte Selma **3** Pausen, die zusammengerechnet **70** Minuten dauerten.

b)

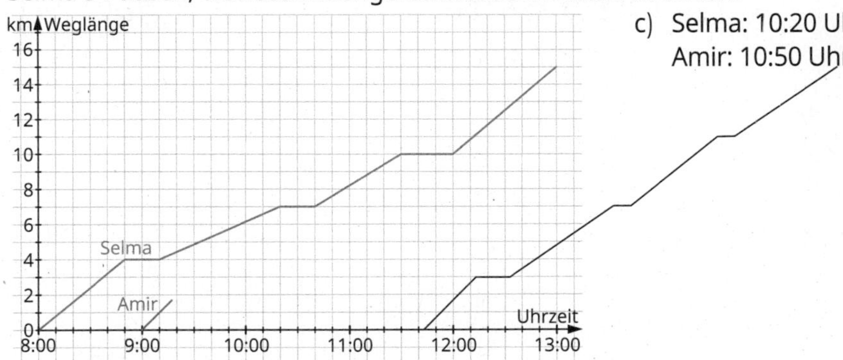

c) Selma: 10:20 Uhr
Amir: 10:50 Uhr

d) ① ist **falsch**, weil die Steigung des ersten Abschnitts steiler verläuft als die anderen. In 50 min ist sie 4 km gelaufen; im zweiten Abschnitt in 70 min nur 3 km.
② ist **falsch**, weil sie sich schon vorher treffen, um 11:35 Uhr nachdem er schon 10 km gewandert ist.
③ ist **wahr**, weil sie in 5 Stunden 15 km gelaufen ist und $\frac{15}{5} \frac{km}{h} = 3 \frac{km}{h}$.

* Sekundo 9 Mathematik Nordrhein-Westfalen Arbeitsheft, ISBN 978-3-14-**124526**-4

Funktionen

3

1. a)

x	−3,5	−2,5	**−1,5**	0	**3**
y	3	2,5	4	**1,5**	−1

b) Es handelt sich um eine Funktion, weil jedem x-Wert genau ein y-Wert zugeordnet ist.

2. a) z.B.:

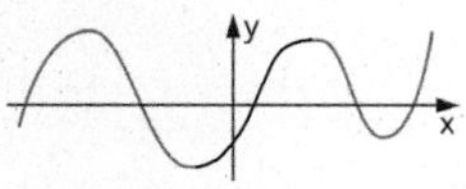

b) z.B.:

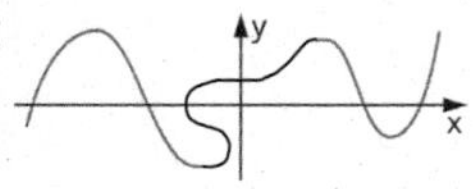

3. a) $y = x + 2$

x	−2	0	2
y	0	2	4

Jeder Zahl x wird die Summe aus sich selbst und 2 zugeordnet.

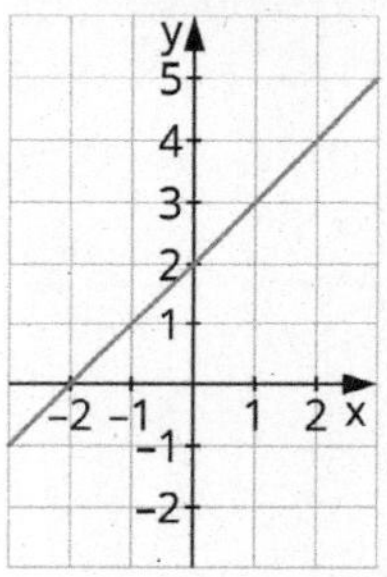

b) $y = 2x$

x	−2	0	2
y	−4	0	4

Jeder Zahl x wird ihr Doppeltes zugeordnet.

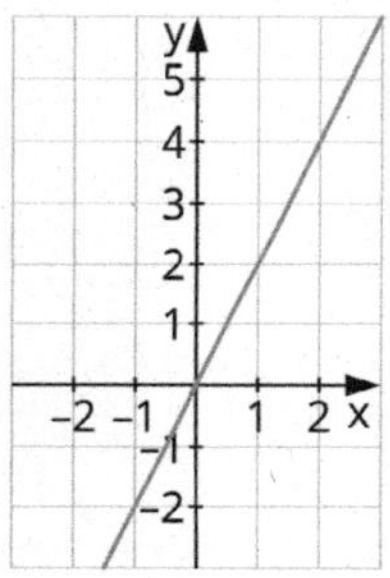

c) $y = x^2$

x	−2	0	2
y	4	0	4

Jeder Zahl x wird ihre Quadratzahl zugeordnet.

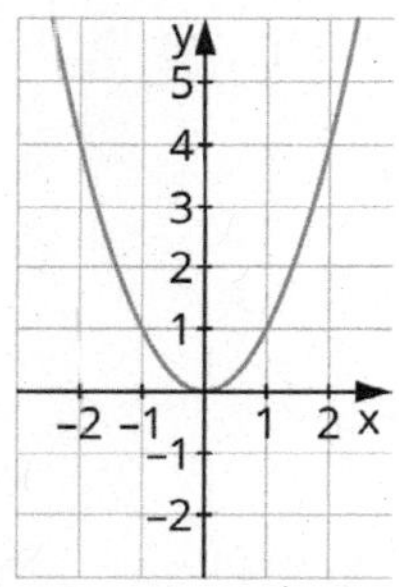

d) $y = 2x + 2$

x	−2	0	2
y	−2	2	6

Jeder Zahl x wird ihr Doppeltes vermehrt um 2 zugeordnet.

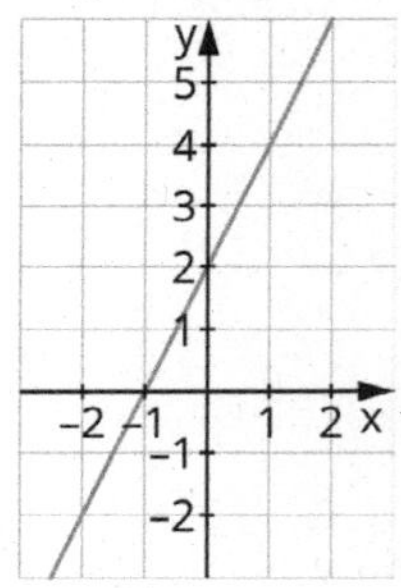

Lineare Funktionen

4

1. Ⓐ: $y = 2x$ Ⓑ: $y = \frac{1}{2}x$ Ⓒ: $y = \frac{1}{2}x - 1$ Ⓓ: $y = x - 2$ Ⓔ: $y = x + 2$

2. a)

x (km)	5	10	15	**20**	25	30	40
y (€)	11,50	**19**	**26,50**	34,00	41,50	**49**	**64**

b)

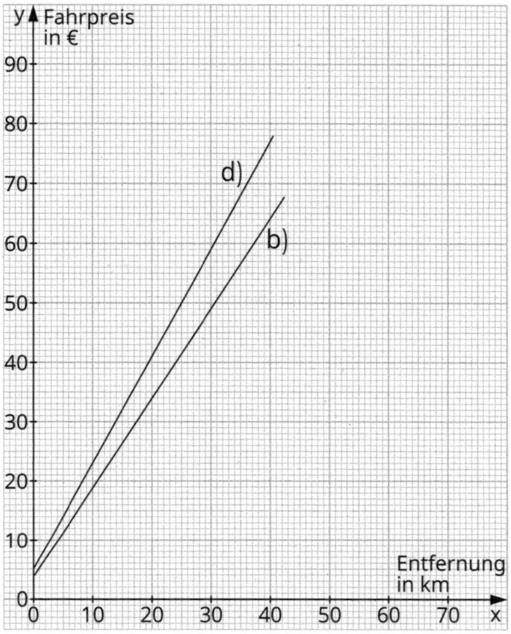

c) $y = 1{,}5 \cdot x + 4$
d) $y = 1{,}8x + 5$

Steigung einer Geraden

5

1. Ⓐ: $m = \frac{180\text{ m}}{1000\text{ m}} = 0{,}18 = 18\,\%$ Ⓑ: $m = \frac{570\text{ m}}{3000\text{ m}} = 0{,}19 = 19\,\%$ Ⓒ: $m = \frac{1200\text{ m}}{8000\text{ m}} = 0{,}15 = 15\,\%$
   Berg Ⓑ ist der steilste Berg.

2. I: $m = \frac{0{,}5}{2} = \frac{1}{4}$ II: $m = \frac{1{,}5}{6} = \frac{1}{4}$ III: $m = \frac{2{,}5}{10} = \frac{1}{4}$
   Die Steigung ist immer gleich.

3. a) $m = \frac{2}{4} = \frac{1}{2}$ b) $m = -\frac{4}{5}$ c) $m = -\frac{2}{3}$

4. Eine Gerade mit negativer Steigung erkennt man daran, dass sie fallend verläuft.
   Eine Gerade mit Steigung Null erkennt man daran, dass sie waagerecht verläuft.
   Zwei Geraden mit derselben Steigung erkennt man daran, dass sie parallel verlaufen.

Die Bedeutung von m und n bei linearen Funktionen

6

1. a) $m = 1$ $n = 3$ $y = x + 3$ b) $m = -2$ $n = 1$ $y = -2x + 1$
   c) $m = -\frac{1}{2}$ $n = 0$ $y = -\frac{1}{2}x$ d) $m = 3$ $n = -2$ $y = 3x - 2$

2. Ohne Zeichnung. Kontrolle durch die Lehrkraft.
   a) $m = 2 = \frac{2}{1}$ $n = -3$ b) $m = \frac{-7}{2}$ $n = 1$ c) $m = \frac{-1}{2}$ $n = -3$

3. Ohne Zeichnung. Kontrolle durch die Lehrkraft.
   a) $m = -1 = \frac{-1}{1}$ $n = 2$ b) $m = \frac{-1}{2}$ $n = 0$ c) $m = -2 = \frac{-2}{1}$ $n = -2$

Aufstellen einer Funktionsgleichung

7 1. a) $y = 2x + 0$ b) $y = 0x - 4$ c) $y = 4x - 4$

2. Hier ohne Zeichnung.
   a) $m = \frac{3}{6} = \frac{1}{2}$ $n = -1$ $y = \frac{1}{2}x - 1$ b) $m = -\frac{4}{2} = -2$ $n = 2$ $y = -2x + 2$
   c) $m = \frac{1}{3}$ $n = 3$ $y = \frac{1}{3}x + 3$ d) $m = -\frac{10}{10} = -1$ $n = 8$ $y = -x + 8$

3.
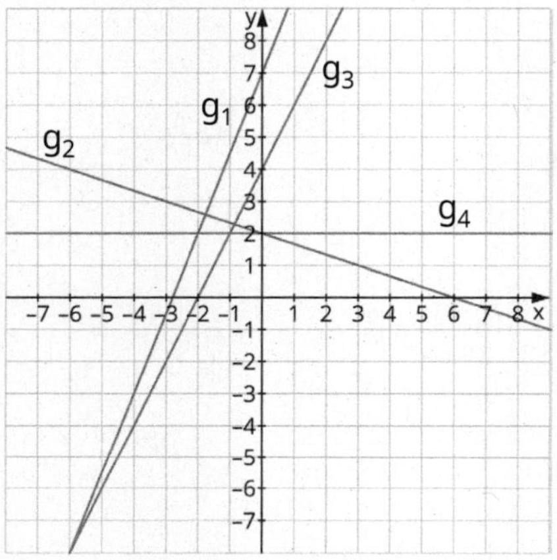

a) $y = 2{,}5x + 7$ b) $y = -\frac{1}{3}x + 2$ c) $y = 2x + 4$ d) $y = 2$

Lineare Funktionen in Sachzusammenhängen

8 1. Hier ohne Zeichnungen. Kontrolle durch die Lehrkaft.

<table>
<tr><th></th><th>Wertetabelle</th><th>Beschreibung mit Worten</th><th>Funktions-gleichung</th></tr>
<tr><td>a)</td><td><table><tr><td>Zeit in h</td><td>0</td><td>1</td><td>2</td></tr><tr><td>Wasser-stand in cm</td><td>**250**</td><td>**225**</td><td>**200**</td></tr></table></td><td>Aus einem Becken wird Wasser abgepumpt. Der Wasserstand von ursprünglich 250 cm sinkt in der Stunde um 25 cm.</td><td>y = **250** – 25x</td></tr>
<tr><td>b)</td><td><table><tr><td>Anzahl</td><td>2</td><td>4</td><td>6</td></tr><tr><td>Preis in €</td><td>4</td><td>8</td><td>12</td></tr></table></td><td>Im Supermarkt kostet jede Flasche Bio-Apfelsaft **2** €.</td><td>y = **2**x</td></tr>
<tr><td>c)</td><td><table><tr><td>Anzahl</td><td>0</td><td>4</td><td>8</td></tr><tr><td>Preis in €</td><td>**2**</td><td>**4**</td><td>**6**</td></tr></table></td><td>Zusätzlich zu der monatlichen Kontogebühr von 2 € verlangt die Bank 0,50 € pro Überweisung.</td><td>y = **2** + **0,5**x</td></tr>
<tr><td>d)</td><td><table><tr><td>**Brenn-dauer (min)**</td><td>**0**</td><td>**2**</td><td>**6**</td></tr><tr><td>**Höhe (cm)**</td><td>**4**</td><td>**3**</td><td>**1**</td></tr></table></td><td>Eine Kerze ist zu Beginn **4** cm hoch. Jede Minute brennen **0,5** cm ab.</td><td>$y = 4 - \frac{1}{2}x$</td></tr>
</table>

Proportionale Funktionen

9 1. Hier ohne Zeichnung:

Anzahl Minuten (x)	Höhe des Wasserstandes in cm (y)
0	0
2	**7**
4	**14**
8	**28**

y = 3,5x

2. Hier ohne Zeichnung:

Anzahl Liter	Preis (€)
0	**0**
6	**9**
8	12
10	**15**
4	6
2	**3**

y = 1,5x

3. a) nicht proportional: y = 3x + 4
   b) proportional: y = 5x
   c) nicht proportional: y = 4x + 3
   d) proportional: y = 4x

Vermischte Aufgaben

10 1. Graph f_1: $m = 1 \quad n = 4 \quad y = x + 4$ Graph f_2: $m = -\frac{1}{2} \quad n = 1 \quad y = -\frac{1}{2}x + 1$

2.

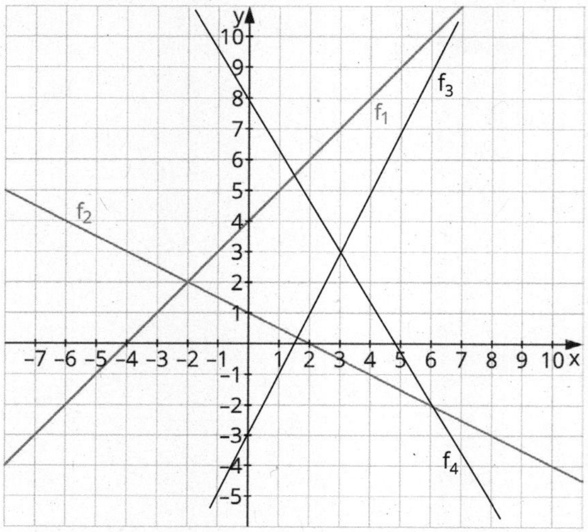

3. a) g_1: $y = \frac{1}{4}x + 3$ g_2: $y = x - 3$ b) g_3: $y = -\frac{5}{8}x + 10$

4. a) Hier ohne Zeichnung, Punkte zur Kontrolle: (0|8); (3|6); (9|2)
   b) $S_y(0|8)$ Bedeutung: Zu Beginn ist die Kerze 8 cm hoch.
   $S_x(12|0)$ Bedeutung: Nach 12 min ist die Kerze vollständig abgebrannt.

3 Ähnlichkeit

11 1. $7\ \text{cm} \cdot 500\,000 = 3\,500\,000\ \text{cm} = 35\ \text{km}$ Sylt ist etwa 35 km lang.

2. a) $4\ \text{cm} \cdot 1\,500\,000 = 6\,000\,000\ \text{cm} = 60\ \text{km}$ Die Strecke beträgt etwa 60 km.
   b) $12\ \text{cm} \cdot 1\,500\,000 = 18\,000\,000\ \text{cm} = 180\ \text{km}$ Lisa hat Recht.

Maßstab

12 1. a) Der Maßstab ist 1 : 600 000.
   b) Die Länge der Strecke beträgt ungefähr 48 km.
   c) Man kommt bis nach Lindau.

2.

	a) Stadtplan	b) Wanderkarte	c) Weltkarte	d) Bauzeichnung
Maßstab	1 : 30 000	**1 : 40 000**	1 : 10 000 000	1 : 20
Länge in der Karte	**4,5** cm	3,2 cm	10 cm	**24** cm
Länge in Wirklichkeit	1,35 km	1,28 km	**1 000** km	4,80 m

3. a) Maßstab: 1 : 40 000 b) Entfernung: 2,8 km

Vergrößern und Verkleinern

13 1. a) keine Vergrößerung b) ja, Faktor: 2 c) ja, Faktor: 3

2. Figuren zu 1b):
gelbe Figur: u = 6 cm A = 1,5 cm^2
blaue Figur: u = 12 cm A = 6 cm^2
Faktor für u: 2 für A: 4

Figuren zu 1c):
gelbe Figur: u = 4 cm A = 1 cm^2
blaue Figur: u = 12 cm A = 9 cm^2
Faktor für u: 3 für A: 9

3. Hier ohne Zeichnung.
a) Maßstab: 1 : 2 Faktor: 0,5
b) Maßstab: 2 : 3 Faktor: $\frac{2}{3}$

Längenverhältnisse von Strecken

14 1. a) a : b = 20 : 5 = 4 : 1 **Z** b) a : b = 15 : 9 = 5 : 3 **U** c) a : b = 12 : 15 = 4 : 5 **G**
d) a : b = 16 : 12 = 4 : 3 **S** e) a : b = 12 : 18 = 2 : 3 **P** f) a : b = 4 : 10 = 2 : 5 **I**
g) a : b = 17 : 17 = 1 : 1 **T** h) a : b = 15 : 20 = 3 : 4 **Z** i) a : b = 18 : 15 = 6 : 5 **E**
Lösungswort: **ZUGSPITZE**

2. a) Höhe: 29,7 cm Breite: 21 cm
b) Ja, das Arbeitsheft hat DIN-A4-Format.
c) Die Breite des DIN-A5-Blattes ist also 14,85 cm.
d) Seine Höhe ist 42 cm.

3. a) 15 : 10 = 3 : 2 Das Format ist 3 : 2.
210 : 160 = 21 : 16 Das Format ist nicht 3 : 2.

b) $\frac{3}{2} = \frac{42}{h}$
3h = 84
h = 28
Das Bild ist 28 cm hoch.

c) $\frac{3}{2} = \frac{b}{40}$
120 = 2b
b = 60 cm
Das Bild ist 60 cm breit.

Ähnliche Dreiecke

15 1. a) Hier keine Zeichnung, Kontrolle durch Lehrkraft.
b) z.B.: ①: a = 9 cm; b = 6 cm; c = 12 cm ②: a = 13,5 cm; b = 9 cm; c = 18 cm

2. a) Dreieck MNO b) Dreieck PQR

3. a) x = 2,1 cm b) y = 4 cm c) z = 2,7 cm

Strahlensätze

16 1. a) $\frac{b}{a} = \frac{e}{\mathbf{d}}$ b) $\frac{d}{e} = \frac{\mathbf{a}}{b}$ c) $\frac{c}{a} = \frac{f}{\mathbf{d}}$
d) $\frac{h}{g} = \frac{f}{\mathbf{d}}$ e) $\frac{g}{h} = \frac{a}{\mathbf{c}}$ f) $\frac{d}{f} = \frac{\mathbf{g}}{h}$

2. a)

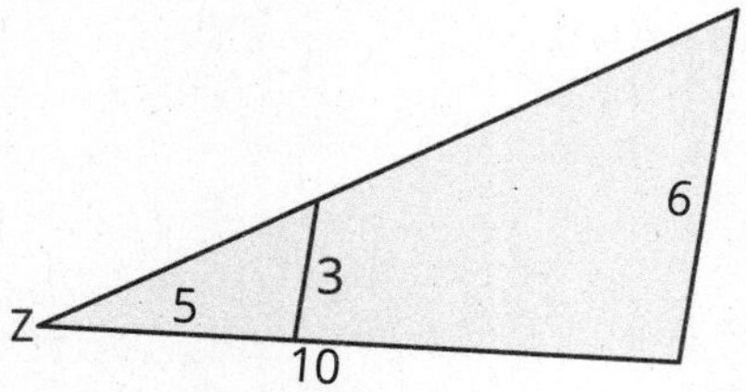

b)

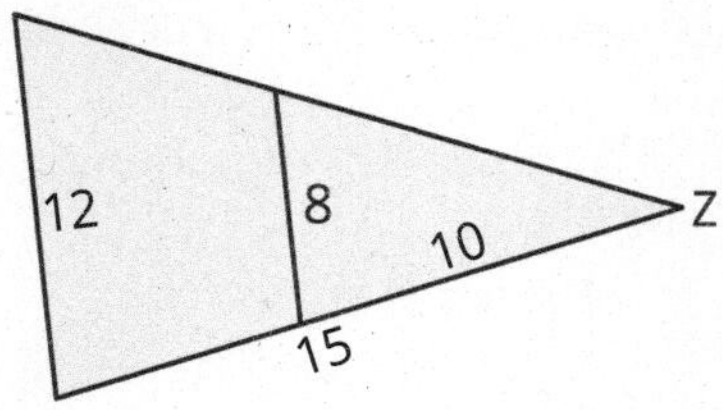

3. a) a = 1,875 cm b) c = 8,$\overline{3}$ cm c) d = 15 cm

4. a) x = 50 cm b) x = 26,18 m

Anwendungen

17 1. a) Der Teich ist 18 m breit. b) Der Turm ist 18 m hoch.

2. Das Haus ist ungefähr 23,21 m hoch.

3. a)

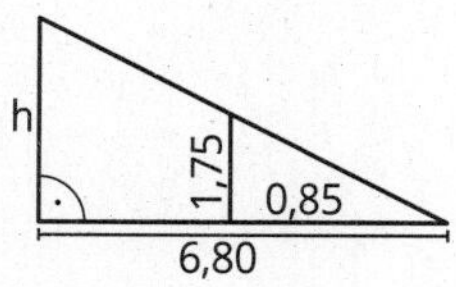

b) Der Fahnenmast ist 14 m hoch.

Vermischte Aufgaben

18 1. a) $\overline{AB}$ = 3,5 cm $\overline{BC}$ = 4,5 cm $\overline{CA}$ = 6 cm
b) $\overline{AB}$ = 1,75 km $\overline{BC}$ = 2,25 km $\overline{CA}$ = 3 km
c) Die Länge des Wanderwegs von A über B nach C und zurück beträgt 7 km.
d) Die Gesamtzeit beträgt 4 h und 54 min.

2. a) x = 25 cm b) y = 5 cm c) z = 12 m

3. a) 1:250
b) Breite: 0,83 m · 14 = 11,62 m Höhe: 0,5m · 14 = 7 m
A = 81,34 m^2

4 Potenzen und Wurzeln

19 1. a) 36 b) 81 c) 64 d) 64 e) –8
f) 49 g) –1 h) 25 i) 400 j) 10 000

2.

Produkt	8·8	**2·2·2·2**	**10·10**	**4·4·4**	(–6)·(–6)	**(–3)·(–3)·(–3)**	30·30
Potenz	**8^2**	2^4	**10^2**	4^3	**$(-6)^2$**	$(-3)^3$	**30^2**
Ergebnis	**64**	**16**	100	**64**	**36**	**–27**	**900**

3. $81 = 3^4 = 9^2 = 81^1$ $256 = 2^8 = 4^4 = 16^2$ $625 = 5^4 = 25^2 = 625^1$

4. a) $6 + 6 < 6^2$ b) $5^2 > 5 \cdot 2$ c) $2^3 < 3^2$ d) $1 \cdot 5 > 1^5$ e) $4^2 = 2^4$
f) $3 \cdot 3 < 3^3$ g) $2^5 > 2 \cdot 5$ h) $4^3 < 3^4$ i) $9 \cdot 9 = 9^2$ j) $10^2 < 5^3$

5. a) $27 = 3^3$ b) $10 = 10^1$ c) $125 = 5^3$
d) $32 = 2^5$ e) $64 = 4^3$ f) $0{,}04 = 0{,}2^2$
g) $\left(\frac{9}{25}\right) = \left(\frac{3}{5}\right)^2$ h) $\left(\frac{16}{81}\right) = \left(\frac{2}{3}\right)^4$ i) $0{,}001 = 0{,}1^3$

6. a) falsch b) wahr c) wahr d) falsch e) wahr

Potenzen

20 1. a) 19683 729 b) 7776 15625 c) 1331 177147
d) 0,970299 970,299 e) 2,8561 28561 f) 20736 2,0736

2. a) 20 b) 49 c) 50 d) 64
e) 27 f) 48 g) 100 h) 36
Lösungswort: **KOHLRABI**

3. a) Anzahl: 16
b) Anzahl: $2^7 = 128$ Dicke des Stapels: 12,8 mm = 1,28 cm
c) Anzahl: $2^{25} = 33554432$ Dicke des Stapels: 3355443,2 mm = 3,355 km

Zehnerpotenzen

21 1. 10 Millionen = 10^7 = 10000000
einhunderttausend = 10^5 = 100000
10 Milliarden = 10^{10} = 10000000000
eins = 10^0 = 1
zehntausend = 10^4 = 10000

2. a) $5000 = 5 \cdot 10^3$ b) $12000000 = 12 \cdot 10^6$
c) $320000000000 = 32 \cdot 10^{10}$ d) $1300 = 13 \cdot 10^2$
e) $7500000 = 75 \cdot 10^5$ f) $1020000 = 102 \cdot 10^4$

3. a) 10^6 b) 10^3 c) 10^{10} d) 10^8 e) 10^{16} f) 10^{11}

4. $10 \xrightarrow{\cdot 10^2}$ **10^3** $\xrightarrow{\cdot 10^3}$ **10^6** $\xrightarrow{\cdot 10^2}$ 10^8 $\xrightarrow{\cdot 10^4}$ 10^{12}

5. a) 6000000000 b) 8000000000 c) 3600000
d) 60000000000 e) $21 \cdot 10^5$ f) $121 \cdot 10^5$
g) $64 \cdot 10^{11}$ Lösungswort: **TAUCHEN**

Zehnerpotenzen mit negativen Exponenten

22 1.

Dezimalschreibweise	10000	1000	100	**10**	**1**	**0,1**	**0,01**	**0,001**
Zehnerpotenz	10^4	10^3	10^2	10^1	10^0	10^{-1}	10^{-2}	10^{-3}

2. a) 0,0001 b) 0,0000001 c) 0,0000000001
d) 0,00000001 e) 0,000001 f) 0,00001

3. 7 Hundertstel $= \frac{7}{100} = 7 \cdot 10^{-2}$
7 Zehntel $= \frac{7}{10} = 7 \cdot 10^{-1}$
7 Tausendstel $= \frac{7}{1000} = 7 \cdot 10^{-3}$
7 Millionstel $= \frac{7}{1000000} = 7 \cdot 10^{-6}$
7 Milliardstel $= \frac{7}{1000000000} = 7 \cdot 10^{-9}$

4. a) $34 \cdot 10^{-3}$ b) $7 \cdot 10^{-1}$ c) $2 \cdot 10^{-2}$
d) $4 \cdot 10^{-3}$ e) $15 \cdot 10^{-3}$ f) $47 \cdot 10^{-2}$

5. a) $\frac{5}{1000} = 0{,}005$ b) $\frac{1}{100} = 0{,}01$ c) $\frac{3}{100} = 0{,}03$ d) $\frac{7}{1000} = 0{,}007$
e) $\frac{8}{10} = 0{,}8$ f) $\frac{35}{100} = 0{,}35$ g) $\frac{27}{1000} = 0{,}027$ h) $\frac{602}{1000} = 0{,}602$

6. 10^{-6} 0,00001 10^{-4} 0,001 10^{-2} 0,1 10^{2} 10^{6}

7. a) 0,006 b) 0,7999 c) 0,000009
d) 0,000101 e) 0,000001 f) 0,001

Standardschreibweise

23 1. a) $2{,}4 \cdot 10^{4}$ b) $1{,}34 \cdot 10^{4}$ c) $5 \cdot 10^{7}$
d) $5{,}2 \cdot 10^{9}$ e) $6{,}53 \cdot 10^{5}$ f) $5{,}66 \cdot 10^{8}$

2. a) 350 000 b) 4520 c) 70 000 000
d) 980 e) 3 800 000 f) 12 340

3. a) $2 \cdot 10^{-2}$ b) $4 \cdot 10^{-3}$ c) $6{,}07 \cdot 10^{-2}$
d) $3{,}45 \cdot 10^{-3}$ e) $7{,}8 \cdot 10^{-3}$ f) $7{,}65 \cdot 10^{-4}$
g) $1{,}9 \cdot 10^{-4}$ h) $2{,}93 \cdot 10^{-3}$ i) $1{,}23 \cdot 10^{-2}$

4. a) $\frac{1}{1000} = 0{,}001$ b) $\frac{7}{10000} = 0{,}0007$
c) $\frac{3}{1000000} = 0{,}000003$ d) $\frac{54}{100000000} = 0{,}00000054$
e) $\frac{88}{10000000000} = 0{,}0000000088$ f) $\frac{33}{10000000} = 0{,}0000033$
g) $\frac{66}{1000} = 0{,}066$ h) $\frac{123}{10000} = 0{,}0123$

5. z.B.: $1{,}1 \cdot 10^{-3}$ $1{,}5 \cdot 10^{-3}$ $1{,}9 \cdot 10^{-3}$

6. $40{,}6 \cdot 10^{8} = 4{,}06 \cdot 10^{9} = 4{,}06$ Milliarden
$4{,}06 \cdot 10^{6} = 0{,}406 \cdot 10^{7} = 4{,}06$ Millionen
$0{,}406 \cdot 10^{9} = 406$ Millionen $= 0{,}406$ Milliarden

7. $1{,}4 \cdot 10^{21} = 5{,}974 \cdot 10^{24}\ p\,\%$
$2{,}34 \cdot 10^{-4} = p\,\%$ 0,0234 Prozent der Erde sind Wasser.

Quadratwurzeln

24

1. a) 7 b) 9 c) 13 d) 15
   e) $\frac{3}{10}$ f) $\frac{5}{9}$ g) $\frac{1}{2}$ h) $\frac{7}{20}$

2. a) $\sqrt{64}$ b) $\sqrt{100}$ c) $\sqrt{144}$ d) $\sqrt{400}$
   e) $\sqrt{\frac{1}{4}}$ f) $\sqrt{\frac{9}{64}}$ g) $\sqrt{\frac{4}{25}}$ h) $\sqrt{\frac{16}{121}}$

3. a) 3,873 b) 9,144 c) 22,361
   d) 0,837 e) 14,142 f) 4,47

4. a) $3 < \sqrt{15} < 4$ b) $5 < \sqrt{30} < 6$ c) $4 < \sqrt{20} < 5$
   d) $9 < \sqrt{90} < 10$ e) $10 < \sqrt{120} < 11$ f) $17 < \sqrt{290} < 18$

5. a) Umfang: 24 cm b) Umfang: 36 cm c) Umfang: 80 cm

6. a) Kantenlänge: 7 cm b) Kantenlänge: 4 cm c) Kantenlänge: 10 cm

7. $\sqrt{7225\ m^2} = 85$ m Umfang: $3 \cdot 85$ m = 255 m ohne Gatter: 252 m
   3 m Gatter: 289 € 252 m Zaun : $252 \cdot 7{,}95$ € = 2003,4 €
   Gesamtkosten: 289 € + 2003,40 € = 2292,40 €

Kubikwurzeln

25

1. a) 6, denn $6^3 = 6 \cdot 6 \cdot 6 = 216$ b) 1, denn $1^3 = 1 \cdot 1 \cdot 1 = 1$
   c) 3, denn $3^3 = 3 \cdot 3 \cdot 3 = 27$ d) 5, denn $5^3 = 5 \cdot 5 \cdot 5 = 125$
   e) 2, denn $2^3 = 2 \cdot 2 \cdot 2 = 8$ f) 10, denn $10^3 = 10 \cdot 10 \cdot 10 = 1000$

2. a) $\sqrt[3]{64}$ b) $\sqrt[3]{1}$ c) $\sqrt[3]{1000}$ d) $\sqrt[3]{8000}$
   e) $\sqrt[3]{\frac{1}{8}}$ f) $\sqrt[3]{\frac{27}{64}}$ g) $\sqrt[3]{\frac{8}{125}}$ h) $\sqrt[3]{\frac{64}{343}}$

3. a) 4,64 b) 2,15 c) 5,85
   d) 4,31 e) 2,74 f) 0,79

4. a) $3 < \sqrt[3]{30} < 4$ b) $2 < \sqrt[3]{10} < 3$ c) $4 < \sqrt[3]{100} < 5$
   d) $4 < \sqrt[3]{65} < 5$ e) $2 < \sqrt[3]{20} < 3$ f) $5 < \sqrt[3]{130} < 6$

5. a) $\sqrt[3]{10000} = 10$ w ~~f~~
   $\sqrt[3]{1000} = 10$ ~~w~~ f
   b) $\sqrt[3]{8000} = 20$ ~~w~~ f
   $\sqrt[3]{800} = 20$ w ~~f~~
   c) $\sqrt[3]{2744} = 14$ ~~w~~ f
   $\sqrt[3]{27744} = 14$ w ~~f~~
   d) $\sqrt[3]{17{,}28} = 1{,}2$ w ~~f~~
   $\sqrt[3]{1{,}728} = 1{,}2$ ~~w~~ f
   e) $\sqrt[3]{0{,}001} = 0{,}1$ ~~w~~ f
   $\sqrt[3]{0{,}003} = 0{,}1$ w ~~f~~
   f) $\sqrt[3]{132{,}61} = 5{,}1$ w ~~f~~
   $\sqrt[3]{132{,}651} = 5{,}1$ ~~w~~ f

6. a) a = 8 cm; O = 384 cm^2 b) a = 10 cm; O = 600 cm^2 c) a = 1,3 m; O = 10,14 m^2

Vermischte Aufgaben

26

1. a) 128 b) 243 c) 1 000 000
   d) 0,09 e) −64 f) 81

2. a) 10^3 b) 10^9 c) 10^{12}
   d) 10^7 e) 10^4 f) 10^2

3. a) $0{,}01 = 10^{-2}$ b) $0{,}000001 = 10^{-6}$ c) $0{,}001 = 10^{-3}$
   d) $0{,}000000001 = 10^{-9}$ e) $0{,}004 = 4 \cdot 10^{-3}$ f) $0{,}0034 = 34 \cdot 10^{-4}$

4. Erdradius: 6 378 km
   Atomdurchmesser: 0,0000000001 m
   Minimale Entfernung Ede – Mars: 56 000 000 km
   Dicke eines Mikrochips: 0,00002 m
   Entfernung, die das Licht in einem Jahr zurücklegt: 9 461 000 000 000 km

5. a) $3 \cdot 10^8\,\frac{m}{s}$ b) $7{,}84 \cdot 10^9$ Menschen c) $4 \cdot 10^7$ m d) $6 \cdot 10^{12}$ Zellen

6. a) 5 b) 8 c) 6
   d) 12 e) 12 f) 16
   Lösungswort: **SCHWAN**

5 Satz des Pythagoras

27

1. a) s. Beispiel

b) 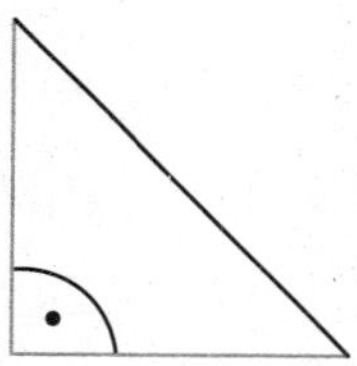

c) 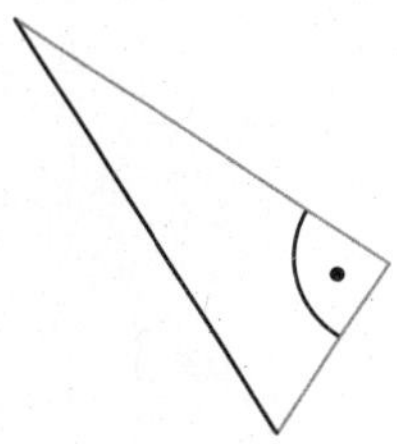

d) 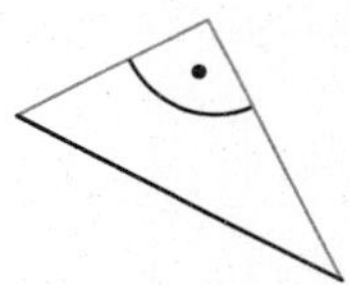

2. In jedem rechtwinkligen Dreieck liegt die **längste** Seite dem **rechten** Winkel gegenüber. Sie heißt **Hypotenuse**. Die **Katheten** schließen den rechten Winkel ein.

3. Katheten hier schwarz, Hypotenuse grau.

a) 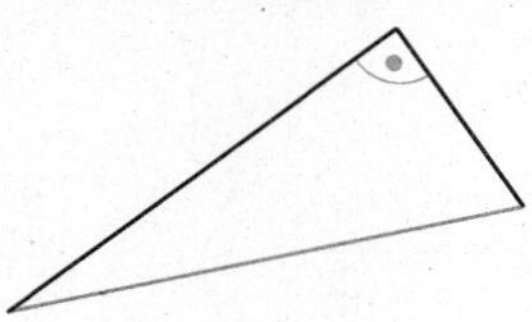

b) 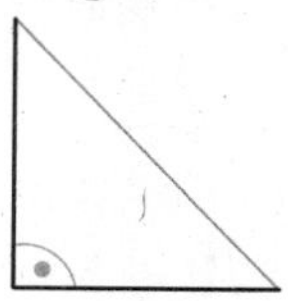

c) 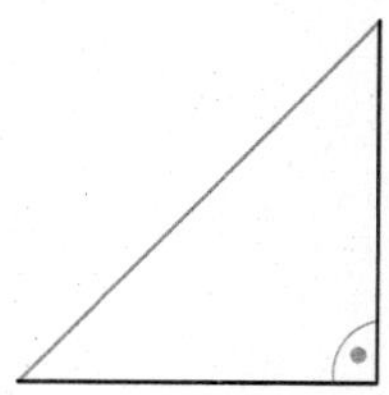

4. a) 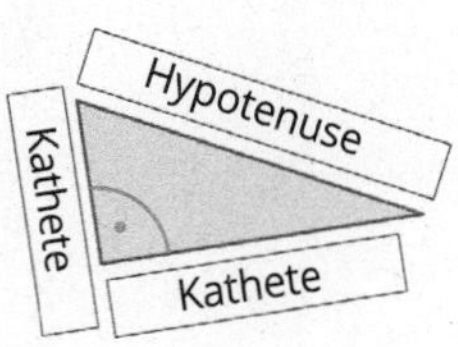

b) 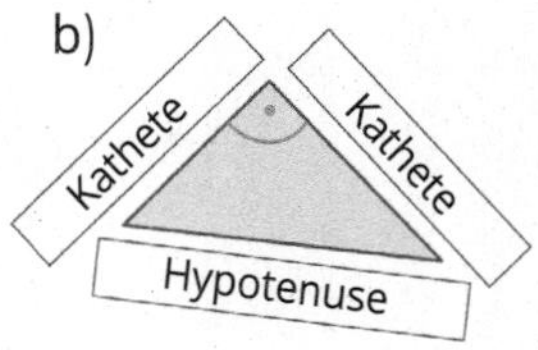

c) 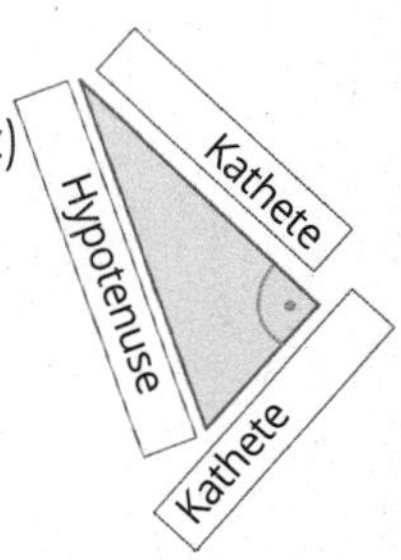

Satz des Pythagoras

28 1. Für jedes **rechtwinklige** Dreieck gilt: Die **Quadrate** über den beiden **Katheten** sind zusammen so groß wie das Quadrat über der **Hypotenuse**.
Wenn a, b die Katheten sind und c die Hypotenuse ist, gilt: $a^2 + b^2 = \mathbf{c^2}$

2. a) $a^2 + b^2 = c^2$ b) $x^2 + z^2 = y^2$ c) $e^2 + f^2 = g^2$ d) $r^2 + t^2 = s^2$

3. a) nicht rechtwinklig b) $h^2 + j^2 = i^2$ c) $l^2 + m^2 = k^2$

4. ①: $a^2 + b^2 = c^2$ ②: $h^2 + p^2 = a^2$ ③: $h^2 + q^2 = b^2$

Berechnung der Hypotenuse

29 1. a) c = 10 cm b) a = 13 cm c) b = 8,5 cm

2. a) Hier keine Zeichnung: b und a sind die Katheten, die den rechten Winkel bei C einschließen. c ist die Hypotenuse und liegt dem rechten Winkel gegenüber.
b) $c \approx 16{,}1$ cm

3. a) Hier keine Zeichnung: Die Leiter ist die Hypotenuse.
b) Die Leiter ist ungefähr 25,24 m lang.

4. Die Länge der Bildschirmdiagonale beträgt ungefähr 102,96 cm.

Berechnung einer Kathete

30 1. a) a = 6 cm b) b = 5 cm c) $c \approx 11{,}97$ cm

2. a) Hier ohne Zeichnung: b ist eine Kathete, c ist die Hypotenuse. Der rechte Winkel ist bei C. Kathete a ist gesucht.
b) $a \approx 9{,}66$ cm

3. Die Höhe des Drahtseils beträgt ungefähr 43,3 m.

4. Die Höhe des Giebels beträgt ungefähr 5,25 m.

Satz des Pythagoras in ebenen Figuren und Körpern

31 1. a) $x \approx 9{,}19$ cm b) $x \approx 7{,}14$ cm

2. a) $f \approx 94{,}87$ cm b) $f \approx 5{,}66$ cm

3. a) r = 4,5 cm b) $h_s \approx 10{,}77$ cm

4. Flächendiagonale ≈ 8,49 cm $e \approx 10{,}4$ cm

Satz des Pythagoras in Anwendungsaufgaben

32

1. Die Skaterrampe ist ungefähr 5,22 m lang.
2. Die Länge des Bretts reicht aus. Es werden 1,34 m benötigt.
3. Die Chephren-Pyramide ist 143,61 m hoch.
4. Planfigur:

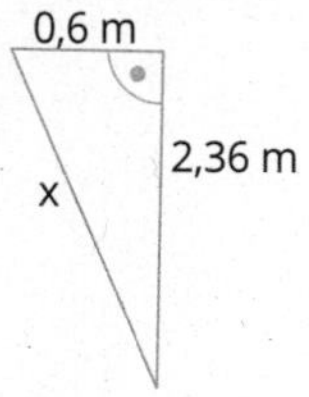

$x^2 = 2{,}36^2 + 0{,}6^2$
$x^2 = 5{,}9296$
$x \approx 2{,}44$ m
Malik kann das Regal nicht aufstellen, die Decke ist mit 2,42 m zu niedrig. Das Regal mit einer Höhe von 2,44 m wird beim Aufstellen an die Decke stoßen.

Umkehrung des Satzes des Pythagoras

33

1. Ist in einem Dreieck die **Summe der Flächeninhalte** der **Kathetenquadrate** gleich dem Flächeninhalt des **Hypotenusenquadrats**, dann ist das Dreieck **rechtwinklig**.
2. a) $625 = 625$ Das Dreieck ist rechtwinklig
   b) $13{,}69 = 13{,}69$ Das Dreieck ist rechtwinklig
   c) $21{,}65 < 23{,}04$ Das Dreieck ist nicht rechtwinklig.
3. ① a = 4,5 cm $\quad a^2 = 20{,}25\ \text{cm}^2$
   b = 3 cm $\quad b^2 = 9\ \text{cm}^2$
   c = 4,8 cm $\quad c^2 = 23{,}04\ \text{cm}^2$
   $a^2 + b^2 = 20{,}25 + 9 = 29{,}25$
   $a^2 + b^2 > c^2$

   ② a = 4 cm $\quad a^2 = 16\ \text{cm}^2$
   b = 4 cm $\quad b^2 = 16\ \text{cm}^2$
   c = 6,9 cm $\quad c^2 = 47{,}61\ \text{cm}^2$
   $a^2 + b^2 = 16 + 16 = 32$
   $a^2 + b^2 < c^2$
4. a) Das Dreieck ist stumpfwinklig.
   b) Das Dreieck ist spitzwinklig.

Vermischte Aufgaben

34

1. a) c = 17 cm
   b) a = 16 cm
   c) $b \approx 11{,}87$ cm
2.

	wahr	falsch
Den Satz des Pythagoras darf man in allen Dreiecken anwenden.	☐	☒
Die Hypotenuse ist immer die längste Seite in einem rechtwinkligen Dreieck.	☒	☐
Die zwei Katheten sind zusammen immer so lang wie die Hypotenuse.	☐	☒
In einem rechtwinkligen Dreieck ist der größte Winkel der rechte Winkel.	☒	☐
Der Satz des Pythagoras gilt in allen rechtwinkligen Dreiecken.	☒	☐

3. $x \approx 10{,}62$ m Gesamthöhe des Baums: 10,62 m + 8,4 m = 19,02 m
Die Gesamthöhe des Baums betrug 19,02 m.

4. Die Dachsparren sind 11,06 m und 5,6 m lang.

6 Prozent- und Zinsrechnung

35 1. $10\,\% = 0{,}1 = \frac{1}{10}$ $33{,}\overline{3}\,\% = 0{,}\overline{3} = \frac{1}{3}$ $75\,\% = 0{,}75 = \frac{3}{4}$ $60\,\% = 0{,}6 = \frac{3}{5}$
$5\,\% = 0{,}05 = \frac{1}{20}$ $20\,\% = 0{,}2 = \frac{1}{5}$ $19\,\% = 0{,}19 = \frac{19}{100}$ $50\,\% = 0{,}5 = \frac{1}{2}$
$25\,\% = 0{,}25 = \frac{1}{4}$ $66{,}\overline{6}\,\% = 0{,}\overline{6} = \frac{2}{3}$ $45\,\% = 0{,}45 = \frac{9}{20}$ $16\,\% = 0{,}16 = \frac{4}{25}$

2. a) G = 865 Schüler
W = 173 Besucher
p % = 20 %

b) W = 675 m²
p % = 27 %
G = 2500 m²

c) G = 1450 Besucher
p % = 28 %
W = 406 Besucher

3. Italien: G = 524 000 t W = 366 000 t $p\,\% \approx 0{,}7 \approx 70\,\%$
Belgien: G = 524 000 t $W = 366\,000\ \text{t} \cdot \frac{1}{14}$ $p\,\% \approx 0{,}05 \approx 5\,\%$
70 % der importierten Teigwaren kommen aus Italien, 5 % kommen aus Belgien.

Prozentuale Erhöhung und Verminderung

36 1.

Erhöhung + Verringerung –	+ 20 %	+ 35 %	+ 100 %	– 16 %	– 40 %	**+ 19 %**	**+ 50 %**	**– 70 %**	**– 12 %**
Prozentfaktor	**1,20**	**1,35**	**2**	**0,84**	**0,6**	1,19	1,5	0,3	0,88

2.

Grundwert	Prozentfaktor	neuer Wert	Grundwert	Prozentfaktor	neuer Wert
a) 1500,– €	0,8	1200,– €	d) **198,– €**	**0,65**	**128,70 €**
b) **480**	**1,05**	**504**	e) **31,– €**	**1,03**	**31,93 €**
c) **3500 kWh**	**0,92**	**3220 kWh**	f) **40**	**1,15**	**46**

3. Fußball: 29,75 € Springseil: 12,60 € Fahrradhelm: 101,15 €
Turnschuhe: 66,75 € Dartscheibe: 29,40 €

4. a) $1 - \frac{1}{4} = \frac{3}{4} = 0{,}75$ b) $1 + \frac{1}{10} = \frac{11}{10} = 1{,}1$ c) $1 + 1 = 2$ d) $1 - \frac{2}{5} = \frac{3}{5} = 0{,}6$
e) $1 + \frac{1}{5} = \frac{6}{5} = 1{,}2$ f) $1 - \frac{1}{2} = 0{,}5$ g) $1 - \frac{1}{3} = \frac{2}{3} = 0{,}\overline{6}$ h) $1 + 4 = 5$

Rabatt und Skonto

37 1. Rabatt ist ein Preisnachlass, der beim Kauf von großen Mengen oder beim Ausverkauf gewährt wird.
Skonto ist ein Preisnachlass bei Bezahlung innerhalb einer Frist. Meist werden vom Rechnungsbetrag 2 bis 3 Prozent vom Rechnungsbetrag abgezogen.

2.

Alter Preis (inklusive MwSt.)	a) 240,– €	b) 99,– €	c) 349,– €	d) 12 000,– €	e) 299,– €	f) **4000,– €**	g) **79,– €**
Rabatt	20 %	15 %	35 %	**7,5 %**	**22 %**	**10 %**	16 %
Prozentfaktor	0,8	**0,85**	**0,65**	**0,925**	**0,78**	0,9	**0,84**
Reduzierter Preis	**192,– €**	**84,15 €**	**226,85 €**	11 100,– €	233,22 €	3600,– €	66,36 €

3.

Clever: Anfangspreis 179,00 € $\xrightarrow[\cdot 1{,}19]{\text{MwSt.}}$ 213,01 € $\xrightarrow[\cdot 0{,}85]{\text{Rabatt}}$ 181,0585 € $\xrightarrow[\cdot 0{,}98]{\text{Skonto}}$ Endpreis 177,44 €

Gesamt: 32 · 177,44 € – 177,44 = 5 500,64 €

Smart: Anfangspreis 149,90 € $\xrightarrow[\cdot 1{,}19]{\text{MwSt.}}$ 178,381 € $\xrightarrow[\cdot 0{,}97]{\text{Skonto}}$ Endpreis 173,03 €

Gesamt: 32 · 173,03 € = 5 536,96

Durch das Freigerät pro 30 Stück ist der Anbieter Clever insgesamt günstiger.

Brutto- und Nettolohn

38 1. a) Gülcan: Lohnsteuer: 2,66 € Nettobetrag: 877,34 €
Robert: Lohnsteuer: 0 € Nettobetrag: 720,00 €
Lara: Lohnsteuer: 0 Nettobetrag: 640,00 €

b) 800 € – 640 € = 160 € Die Sozialabgaben betragen 160 €.

c) G = 1 300 €; p % = 0,8
W = 1 300 € · 0,8 = 1 040 €
Lohnsteuer: 28,66 € Nettobetrag: 1 011,34 €

2. W = 1 896,50 €; p % = 100 % – 38 % = 62 % = 0,62
$G = \frac{1\,896{,}5}{0{,}62} \approx 3\,058{,}87$ € Ihr Bruttolohn beträgt ungefähr 3 058,87 €.

Zinsen

39 1.

Kapital	Zinssatz	Zinsen
700 €	1 %	7 €
5000 €	**10 %**	**500 €**
4000 €	**5 %**	**200 €**
1000 €	**4 %**	**40 €**
80 000 €	**2,5 %**	**2000 €**
10 000 €	**19 %**	**1900 €**

2. a) K = 500 €
p % = 2,25 %
Z = 11,25 €

b) Z = 2 750 €
p % = 5,5 %
K = 50 000 €

c) K = 1 500 €
Z = 236,25 €
p % = 15,75 %

3.

Kapital	a) **Überschlag** 700,00 €	**Rechnung** 685,50 €	b) **Überschlag** 4000,– €	**Rechnung** 4500,– €	c) **Überschlag** 1000,– €	**Rechnung** 985,– €
Zinssatz	2 %	2,1 %	1 %	0,9 %	5 %	4,5 %
Jahreszinsen	**14 €**	**14,40 €**	**40 €**	**40,5 €**	**50 €**	**44,33 €**
Kapital nach 1 Jahr	**714 €**	**699,90 €**	**4040 €**	**4540,50 €**	**1050 €**	**1029,33 €**

Monats- und Tageszinsen

40 1. a) 40 €; 20 € b) 120 €; 30 € c) 24 €; 12 € d) 40 €; 30 € e) 300 €; 200 €

2. a) Z = 144 € b) Z = 32,07 € c) Z = 80 € d) Z = 12,50 €

3. a) Z = 2833,33 € b) Z = 9,45 € c) Z = 50 € d) Z = 16,67 €

Prozent- und Zinsrechnung im Alltag

41 1. a) Prozentfaktor: 0,85 Herr Özdemir verkaufte 59,5 kg Kartoffeln.
b) Prozentfaktor: 1,14 Der Heizölverbrauch stieg auf 2929,8 Liter.
c) Prozentfaktor: 1,25 Einwohnerzahl in 2010: 937500

2. $120 = G \cdot 0{,}25$; $G = 480$ Das Skateboard kostete ursprünglich 480 €.

3. $Z = 2250{,}50\ € \cdot 0{,}075 \cdot \frac{10}{360} = 4{,}69\ €$ Frau Mindt muss 4,69 € Zinsen zahlen.

4. $W = 200\ € \cdot 0{,}9 = 180\ €$ $W = 180\ € \cdot 1{,}1 = 198\ €$
Die Jacke kostete im Herbst 198 €.

Vermischte Aufgaben

42 1. a) 8 km b) 8 ℓ c) 0,50 €
d) 7,5 kg e) 90 € f) 20 m
g) 25 t h) 135 € i) 25 km

2. a) Frauen: $187392 = 513309 \cdot p\,\%$ $p\,\% = 36{,}5\,\%$
Männer: $325917 = 513309 \cdot p\,\%$ $p\,\% = 63{,}5\,\%$
b) Einzelhandel: 5,1 % Büromanagement: 5,1 % KFZ: 4,3 %
Verkauf: 4,2 % Industrie: 3,3 % zusammen: 22 %

3.

Kalkulieren Sie, zu welchem Preis Sie Ihre Waren weiter verkaufen müssen.			
		Beispiel	
Listenpreis des Herstellers (für ein Produkt)		78,75 €	435,00 €
–	Rabatt (20 %) beim Einkauf	15,75 €	**87,00 €**
=	Zieleinkaufspreis	63,00 €	**348,00 €**
–	Skonto (2 % beim Einkauf)	1,26 €	**6,96 €**
=	Einkaufspreis des Händlers	61,74 €	**341,04 €**
+	Handlungskosten (35 %, z. B. für Einkaufen, Verpacken, Verwaltung etc.)	23,77 €	**119,36 €**
=	Selbstkosten	91,68 €	**460,40 €**
+	Gewinn-/Kalkulationsaufschlag (10 %)	9,17 €	**46,04 €**
=	Verkaufspreis netto	100,85 €	**506,44 €**
+	Umsatzsteuer 19 %	19,16 €	**96,22 €**
=	Verkaufspreis brutto	120,01 €	**602,66 €**

7 Kreis und Zylinder

43 1.

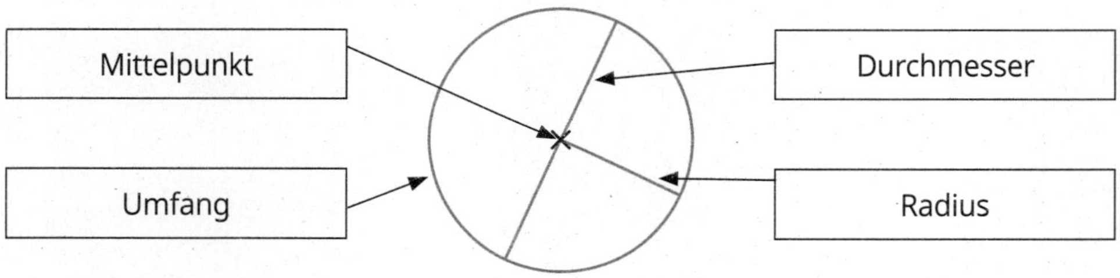

2. d = 7,2 cm   u ≈ 22,62 cm   A ≈ 40,72 cm^2

3. a) Kleiner Kreis: r = 2 cm; u ≈ 12,57 cm; A ≈ 12,57 cm^2
   Großer Kreis: r = 6 cm; u ≈ 37,70 cm; A ≈ 113,10 cm^2
   b) Der Umfang vom größeren Kreis ist **3-mal** so groß, wie der vom kleineren Kreis.
   Das Volumen vom größeren Kreis ist **9-mal** so groß, wie das vom kleineren Kreis.

4. a) u ≈ 3,14 cm   b) u ≈ 314 m   c) u ≈ 31,4 cm

Umfang des Kreises

44 1. a) r = 1,5 cm; u ≈ 9,42 cm   b) r = 1 cm; u ≈ 6,28 cm   c) r = 2 cm; u ≈ 12,57 cm

2. CD: d = 12 cm; u ≈ 37,7 cm
   Verkehrsschild: d = 60 cm; u ≈ 188,5 cm
   Münze: d = 26 mm; u ≈ 81,68 mm
   Anstoßkreis im Fußball: d = 9,15 m; u ≈ 28,75 m

3. d ≈ 0,71 m = 71 cm

Flächeninhalt des Kreises

45 1. a) $A \approx 78{,}54\ cm^2$ b) $A \approx 10{,}18\ cm^2$ c) $A \approx 66{,}48\ cm^2$

2. a) $A = \pi r^2 = \pi \cdot (7\ cm)^2 \approx 153{,}94\ cm^2$ b) $A = \pi r^2 = \pi \cdot (6\ cm)^2 \approx 113{,}1\ cm^2$

3. a) $r \approx 4{,}85\ cm$ b) $r \approx 3{,}01\ cm$ c) $r \approx 1{,}44\ cm$

Kreisring

46 1. a) $A \approx 33{,}08\ cm^2$ b) $A \approx 50{,}27\ cm^2$

2. a) $A \approx 1\,289{,}44\ m^2$ $A \cdot 40g = 51\,577{,}44\ g \approx 51{,}58\ kg$
   b) $u \approx 188{,}5\ m$ Anzahl: $\frac{u}{0{,}5} = 377$ Stück

3.

	r_1	r_2	A
a)	2,7 cm	1,3 cm	**17,59 cm²**
b)	3,7 m	2,9 m	**16,59 m²**
c)	**7,56 mm**	6,1 mm	62,8 mm²

Kreisausschnitt

47 1. a) $A \approx 95{,}03\ cm^2$ b) $A \approx 47{,}52\ cm^2$ c) $A \approx 23{,}76\ cm^2$ d) $A \approx 31{,}68\ cm^2$

2. a) $A \approx 22{,}12\ m^2$; $b \approx 9{,}22\ m$ b) $A \approx 203{,}79\ m^2$; $b \approx 43{,}83\ m$

3.

	r	α	b	A
a)	2,7 cm	190°	**8,95 cm**	**12,09 cm²**
b)	3,78 m	114°	**7,52 m**	**14,21 m²**
c)	7,5 mm	45°	**5,89 mm**	**22,09 mm²**
d)	12,88 dm	**33,36°**	7,5 dm	**48,3 dm²**

Oberfläche des Zylinders

48 1. a) $u \approx 6{,}28\ cm$ Hier ohne Zeichnung. Die Länge des Mantels beträgt 6,28 cm.
   b) $G \approx 3{,}14\ cm^2$; $M \approx 12{,}56\ cm^2$

2. $G = \pi r^2$; $M = 2\pi r h_K$; $O = \pi r^2 + 2\pi r h_K$

3. a) $M \approx 361{,}28\ cm^2$; $O \approx 518{,}36\ cm^2$
   b) $M \approx 226{,}19\ dm^2$; $O \approx 282{,}74\ dm^2$
   c) $M \approx 172{,}79\ cm^2$; $O \approx 212{,}06\ cm^2$

Volumen des Zylinders

49 1. a) $V \approx 16{,}29\ m^3$ b) $V \approx 11\,912{,}52\ cm^3$ c) $V \approx 665\,232{,}24\ mm^3$

2. (Die Nachkommastellen können variieren, je nachdem, wie gerechnet wurde)

	r	h_K	G	V	M	O
a)	1,2 m	3,7 m	**4,52 m²**	**16,74 m³**	**27,9m²**	**36,95 m²**
b)	0,58 m	0,95 m	**1,06 m²**	**1 m³**	**3,46 m²**	**5,58 m²**
c)	**2,92 cm**	6,4 cm	26,8 cm²	**171,52 cm³**	**117,42 cm²**	**171,02 cm²**

Vermischte Aufgaben

50 1.

	a)	b)	c)
r	3,4 cm	**5,4 cm**	**13,69 cm**
d	**6,8 cm**	10,8 cm	**27,37 cm**
u	**21,36 cm**	**33,93 cm**	86 cm
A	**36,32 cm²**	**91,61 cm²**	**588,79 cm²**

2. a) $A \approx 176{,}71\ cm^2$ b) $A \approx 398{,}2\ cm^2$ c) $A \approx 25{,}66\ cm^2$

3. Doseninhalt: $V \approx 763{,}41\ cm^3$
Materialbedarf: $O \approx 466{,}53\ cm^2$

8 Lineare Gleichungssysteme

51 1. a)

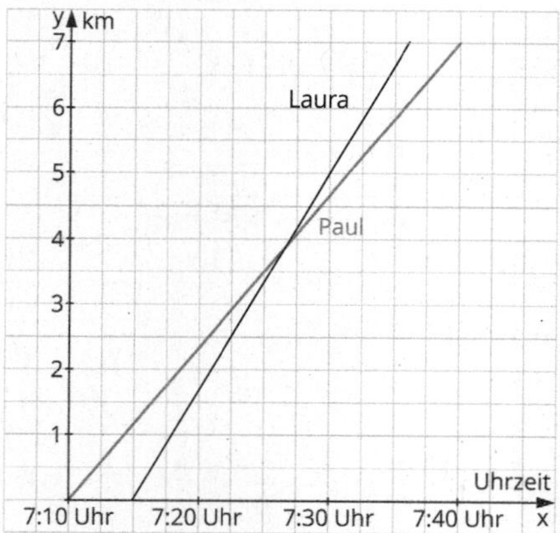

b) Um 7:25 Uhr überholt Laura Paul.
c) Bis zur Schule sind es noch 3,5 km.

2. a)

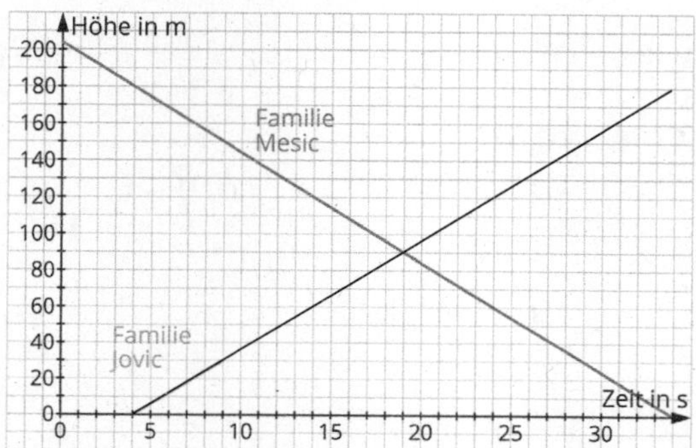

b) Nach 19 s befinden sich die Familien auf gleicher Höhe. Sie befinden sich dann in 90 m Höhe.

Lagebeziehungen von Graphen linearer Funktionen

52

1. a)

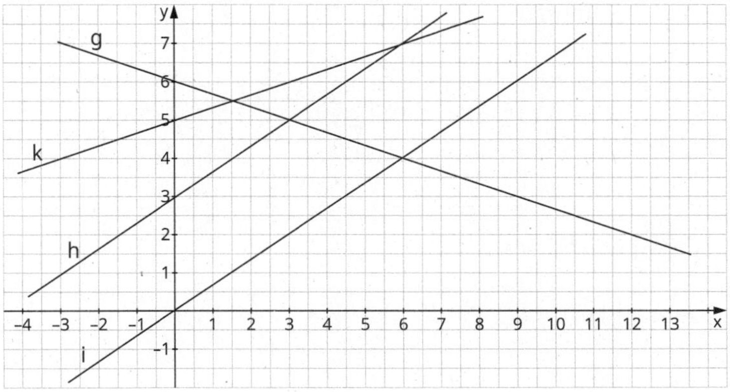

   b) S_{gh} (3|5) S_{gi} (6|4) S_{gk} (1,5|5,5)

   c) Die Geraden h und i sind parallel zueinander.
   Die Geraden h und k schneiden sich.

   d) Kais Aussage ist **falsch**. Die Geraden i und k haben **unterschiedliche** Steigungen. Also sind sie **nicht parallel** und auch **nicht identisch**. Die Geraden müssen sich also **schneiden**.

2. Die Geraden ① und ③ sind parallel.
   Die Geraden ② und ④ sind identisch.
   Die Geraden ⑤ und ⑥ schneiden sich.

Lineare Gleichungen mit zwei Variablen

53

1. a) ① $y = 2x - 2$ Zahlenpaar (1|0)
   ② $y - 0,5x = 0$ Zahlenpaar (4|2)
   ③ $2y = -x + 4$ Zahlenpaare (2|1) und (−2|3)

   b) ① $y = 2x - 2$ ② $y = 0,5x$ ③ $y = -0,5x + 2$

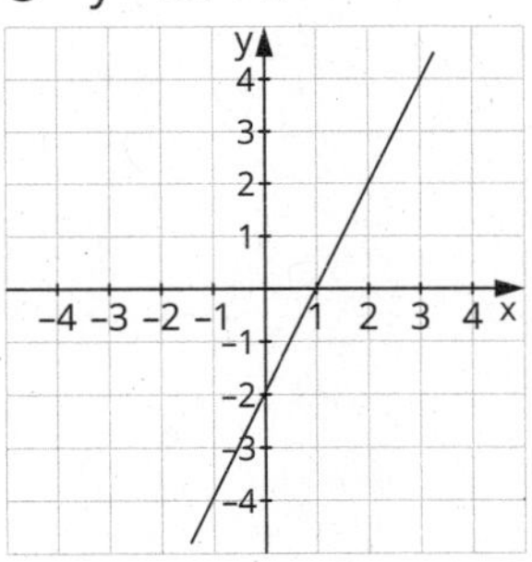

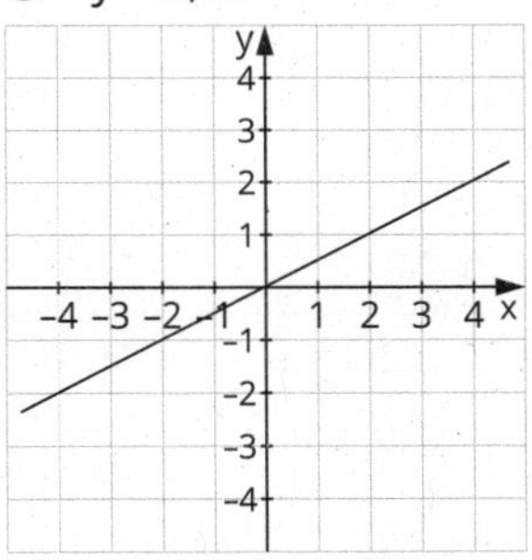

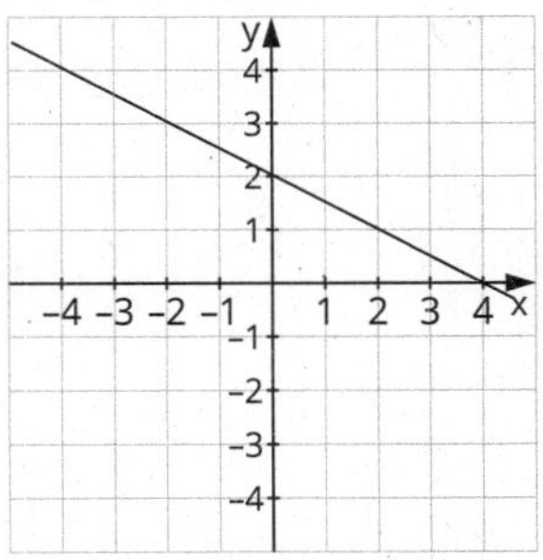

2. a) f: $y = -x + 1$ g: $y = 0,5x - 1,5$ h: $y = \frac{2}{3}x + \frac{8}{3}$ i: $y = -2x$

   b) Gemeinsame Lösung der Gleichungen f, h und i: (−1|2)

Lineare Gleichungssysteme

54 1. Hier ohne Zeichnung: a) Lösung: (1|3) b) Lösung: (5|−1)

2. a) Gleichungssystem ② ist richtig.
   b) Hier ohne Zeichnung: Nach 2 Stunden sind die Kerzen gleich hoch. Die Höhe beträgt dann 4 cm.

Gleichsetzungsverfahren

55 1. a) Lösung: (4|27) b) Lösung: (−2|32) c) Lösung: (6|2) d) Lösung: (29|5)

Einsetzungsverfahren

56 1. a) Lösung: (3|2) b) Lösung: (3|2) c) Lösung: (0|−2)
   d) Lösung: (5|−1) e) Lösung: (10|15) f) Lösung: (10|−10)

Additionsverfahren

57 1. a) Lösung: (3|7) b) Lösung: (7|−1) c) Lösung: (2|3)
   d) Lösung: (25|−5) e) Lösung: (2|3) f) Lösung: (−2|2)

Lösen von Sachaufgaben mit linearen Gleichungssystemen

58 1. a) $x + 2y = 8$
   x steht für: Anzahl der 1-€-Münzen y steht für: Anzahl der 2-€-Münzen
   b) $2x + 4y = 6$
   x steht für: Preis für 1 Brezel y steht für: Preis für 1 Croissant
   c) $34 = 7x + 5y$
   x steht für: Anzahl Boote mit 7 Sitzen y steht für: Anzahl Boote mit 5 Sitzen

2. a)

	Anzahl	Personen
Busse (29 Plätze)	x	29x
Busse (45 Plätze)	y	45y
zusammen	x + y = 11	29x + 45y = 399

Lösung: (6|5)
Es kommen 6 Busse mit 29 Plätzen und 5 Busse mit 45 Plätzen.

b)

	Anzahl	Personen
Erwachsene	**x**	**6x**
Kinder	**y**	**4y**
zusammen	**x + y = 8**	**6x + 4y = 44**

Lösung: (6|2)
6 Erwachsene und 2 Kinder gehören zur Familie Toprak.

Anwendungen

59 1. a) x: erste Zahl, y: zweite Zahl
   I $x + y = 888$
   II $x - y = 222$
   Lösung: (555|333)

   b) x: erste Zahl, y: zweite Zahl
   I $3x + y = 38$
   II $5x - 42 = y$
   Lösung: (10|8)

2. a) Bei einem hohen Verbrauch sollte man Tarif **II** wählen, weil der Arbeitspreis pro kWh günstiger ist.
Bei einem niedrigen Verbrauch sollte man Tarif **I** wählen, weil hier zwar der Arbeitspreis höher ist, aber die monatliche Grundgebühr geringer.
b) Gleichungssystem ③ ist richtig.
c) Bei einem Verbrauch von 240 kWh kosten die Tarife gleich viel: 84 €.

Vermischte Aufgaben

60 1. a) I $y = x + 2$ II $y = -2x - 1$
Lösung: (−1|1)
b) I $y = -\frac{3}{2}x + 2$ II $y = -\frac{1}{2}x - 1$
Lösung: (3|−2,5)

2. a) Lösung: (−1|2)
b) Lösung: (2|3)

3.

	Anzahl	Betten
2-Bett-Zimmer	x	2x
3-Bett-Zimmer	y	3y
zusammen	$x + y = 20$	$2x + 3y = 53$

Lösung: (7|13)
Es gibt 7 2-Bett-Zimmer und 13 3-Bett-Zimmer.

9 Daten und Zufall

61 1. a)

	Spannweite	Median	Mittelwert
1. Jahr:	**7**	**6**	**5**
2. Jahr:	**7**	**5**	**5,6**

b) Das 2. Jahr war erfolgreicher. In diesem Fall gibt der Mittelwert den besten Hinweis.

2. a) 9a: Median = 3 Mittelwert = 2,85
9b: Median = 2,5 Mittelwert = 2,5
b) 9a hat besser abgeschnitten, der Mittelwert und der Median liegen höher.

3.

	Klasse 9c					
	0	1	2	3	4	5
a)	0	**1**	5	4	10	0
b) z.B.:	**0**	**4**	**3**	**3**	**10**	**0**

Boxplots

62 1. a)

	34	35	36	37	38	39	40	41	42	43	44	45	46	47
Blau	0	0	1	0	2	3	**2**	**2**	**6**	**3**	**0**	**0**	**1**	**0**
Gelb	**0**	**0**	**0**	**1**	**2**	**0**	**2**	**2**	**6**	**4**	**2**	**0**	**1**	**0**
Grün	**1**	**0**	**1**	**2**	**3**	**1**	**1**	**3**	**0**	**2**	**1**	**3**	**1**	**1**

b)

	Minimum	unteres Quartil	Median	oberes Quartil	Maximum
Blau	36	39	41,5	42	46
Gelb	**37**	**40,5**	**42**	**43**	**46**
Grün	**34**	**38**	**41**	**44,5**	**47**

c)

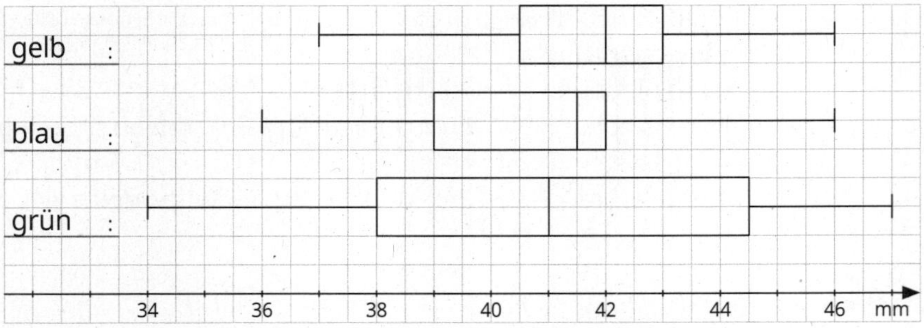

Diagramme lesen und zeichnen

63

1. a)

	männlich	weiblich	insgesamt
Hauptschulabschluss	100 000	70 000	170 000
mittlerer Schulabschluss	**230 000**	**220 000**	**450 000**
Abitur	**160 000**	**190 000**	**350 000**

b) Hauptschulabschluss: 17,5 %
mittlerer Schulabschluss: 46,5 %
Abitur: 36,1 %

c) Hier keine Zeichnung. Werte zur Kontrolle.

Streifendiagramm:	Hauptschulsabschluss:	1,8 cm breit
	mittlerer Schulabschluss:	4,6 cm breit
	Abitur:	3,6 cm breit
Kreisdiagramm:	Hauptschulabschluss:	63°
	mittlerer Schulabschluss:	167°
	Abitur:	130°

Diagramme bewerten

64

1. a)

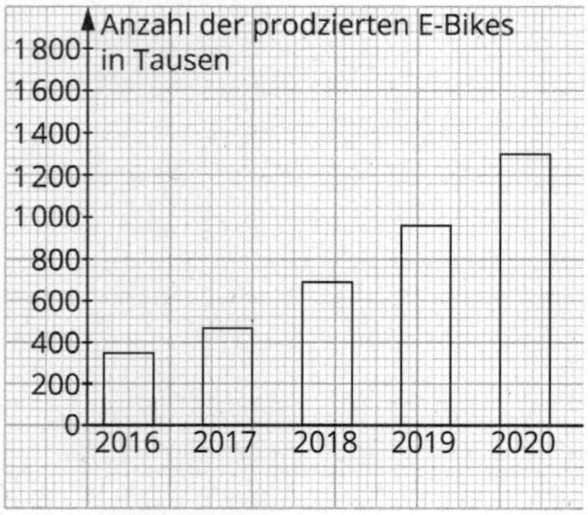

b) Von 2016 bis 2018 hat sich die Anzahl der in Deutschland produzierten E-Bikes ungefähr **verdoppelt**. Das bei 2018 abgebildete E-Bike ist aber nicht nur etwa doppelt so lang wie das bei **2016** abgebildete E-Bike, sondern auch **doppelt** so hoch. Korrekt ist nur die Darstellung im Säulendiagramm: Die Säule für das Jahr 2018 ist **genau** so breit und **doppelt** so hoch wie die Säule für 2016.

2. a) Die x-Achse ist falsch beschriftet: Es müssen die Punkte 0, 20, 40, 60, 80 und 100 sein.

b)

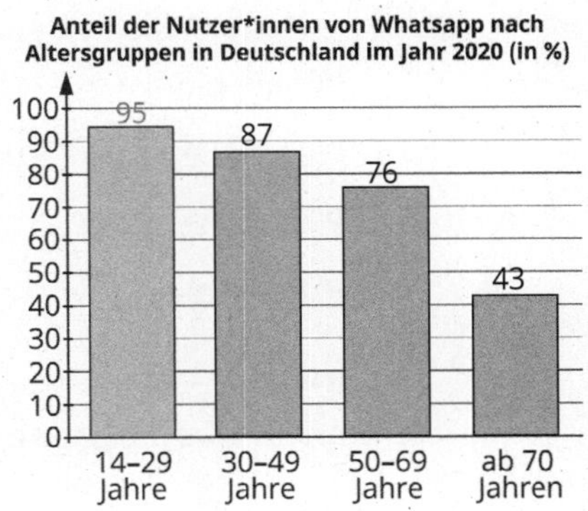

Baumdiagramme und zweistufige Zufallsversuche

65 1. a) mit Zurücklegen

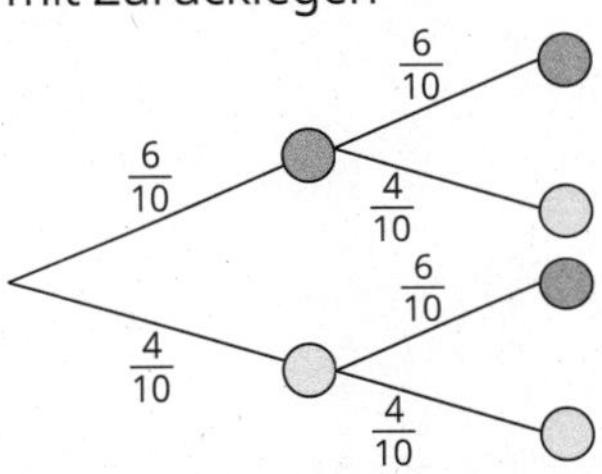

ohne Zurücklegen

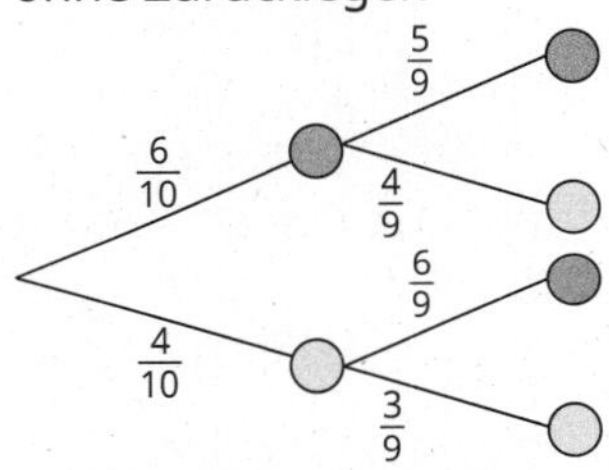

b) Vermutung: Die Wahrscheinlichkeit, zwei blaue Kugeln zu ziehen, ist **mit** Zurücklegen größer, weil dann bei jedem Zug 2 blaue Kugeln mehr als rote in der Urne liegen.

mit Zurücklegen

$P(B, B) = \frac{6}{10} \cdot \frac{6}{10} = \frac{36}{100} = 36\,\%$

ohne Zurücklegen

$P(B, B) = \frac{6}{10} \cdot \frac{5}{9} = \frac{30}{90} \approx 33{,}\overline{3}\,\%$

2. a) $P(G, G) \approx 1{,}6\,\%$ $P(G, N) \approx 13{,}4\,\%$ $P(N, G) \approx 13{,}4\,\%$ $P(N, N) \approx 71{,}6\,\%$

b) z.B.: Eine Tombola mit 20 Losen, davon 3 Gewinne und 17 Nieten.

Produkt- und Summenregel

66 1. a)

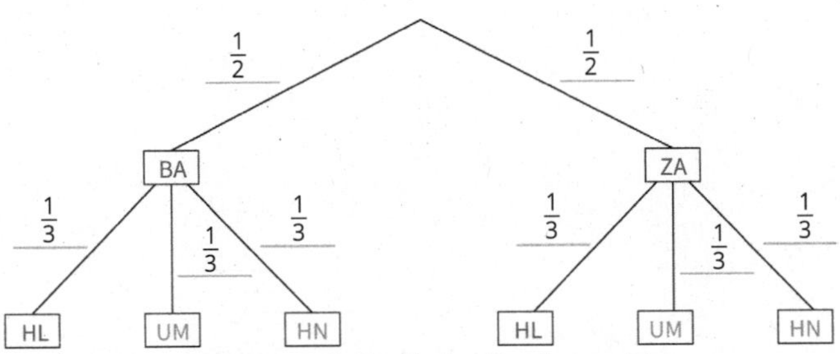

b) $P(\text{ZAHL oder BAHN}) = \frac{1}{2} \cdot \frac{1}{3} + \frac{1}{2} \cdot \frac{1}{3} = \frac{2}{6} = \frac{1}{3} = 33{,}\overline{3}\,\%$

$P(\text{ZAHL oder BAUM oder ZAHL}) = \frac{1}{2} \cdot \frac{1}{3} + \frac{1}{2} \cdot \frac{1}{3} + \frac{1}{2} \cdot \frac{1}{3} = \frac{3}{6} = \frac{1}{2} = 50\,\%$

2. a) In der Urne befinden sich 3 blaue und 5 rote Kugeln.
   b) P(blau, blau) $= \frac{3}{8} \cdot \frac{2}{7} = \frac{6}{56} \approx 10{,}7\,\%$

   P(genau eine rote Kugel) $= \frac{3}{8} \cdot \frac{5}{7} + \frac{5}{8} \cdot \frac{3}{7} = \frac{15}{56} + \frac{15}{56} = \frac{30}{56} \approx 53{,}6\,\%$

   P(mindestens eine rote Kugel) $= \frac{15}{16} + \frac{15}{16} + \frac{5}{8} \cdot \frac{4}{7} = \frac{30}{56} + \frac{20}{56} = \frac{50}{56} \approx 89{,}3\,\%$

   P(alle Kugeln gleichfarbig) $= \frac{6}{56} + \frac{20}{56} = \frac{26}{56} \approx 46{,}4\,\%$

Rechnen mit dem Gegenereignis

67 1. a)

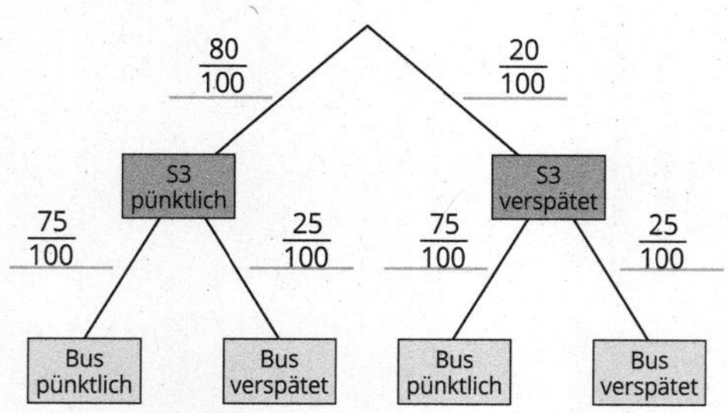

Vermutung: Beide pünktlich.

Rechnung: P(beide pünktlich) $= \frac{80}{100} \cdot \frac{75}{100} = \frac{6000}{10000} = 60\,\%$

P(beide verspätet) $= \frac{20}{100} \cdot \frac{20}{100} = \frac{500}{10000} = 5\,\%$

b) $\bar{E}$: beide pünktlich $P(E) = 1 - \bar{E} = 1 - 0{,}6 = 0{,}4 = 40\,\%$

2. a)

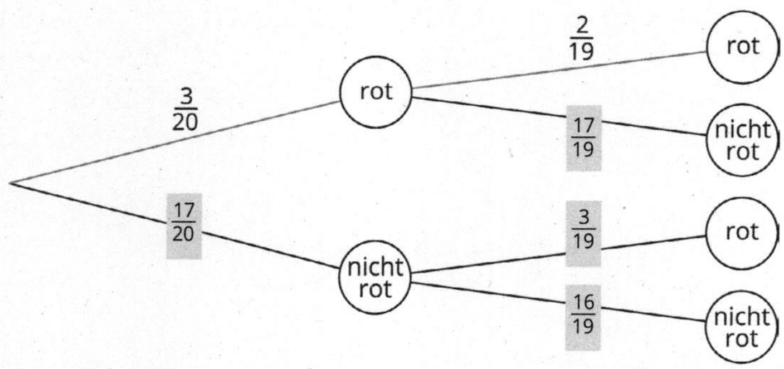

b) Ⓐ: wahr   Ⓑ: falsch   Ⓒ: falsch

Vermischte Aufgaben

68 1. a), b)

	Klassenarbeit A	Klassenarbeit B	Klassenarbeit C
Diagramm	2	3	1
Boxplot	2	1	3

2. a)

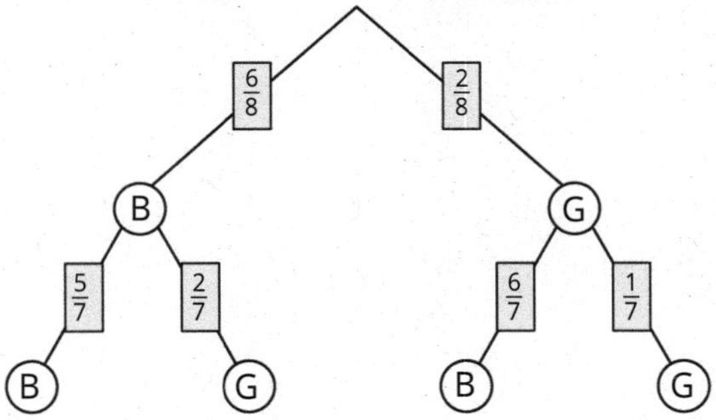

b) P(zweimal blau) = 53,6 %
P(mindestens eine gelbe Kugel) = 46,4 %
P(genau eine blaue Kugel) = 42,9 %
P(zwei gleichfarbige Kugeln) = 57,1 %